西安石油大学优秀学术著作出版基金资

油基钻井液环境下
电成像测井方法及应用

高建申　著

中国石化出版社

内 容 提 要

电成像测井是一种利用多极板的微小电极阵列测量井周地层电阻率的技术。油基钻井液的电阻率很高，限制了传统水基钻井液电成像测井技术在油基钻井液中的应用。本书按照油基钻井液中电成像测井的不同方法和仪器进行介绍。第 1 章介绍电成像测井的基础内容；第 2 章介绍基于四端点测量法的油基钻井液电成像测井的原理、方法及应用；第 3 章介绍油基钻井液电成像测井的补偿原理、方法和应用；第 4 章介绍最新的油基钻井液电成像测井地层信号提取方法和应用；第 5 章介绍油基钻井液电成像测井参数反演方法和应用。

本书在收集、总结和研究大量油基钻井液电成像测井相关资料的基础上编写而成，旨在为从事与石油测井相关专业的技术及科研人员提供一本比较全面、详细的参考用书。

图书在版编目（CIP）数据

油基钻井液环境下电成像测井方法及应用／高建申著.
—北京：中国石化出版社，2019. 10
ISBN 978-7-5114-5581-9

Ⅰ.①油… Ⅱ.①高… Ⅲ.①电测井-成象测井-研究 Ⅳ.①P631. 8

中国版本图书馆 CIP 数据核字（2019）第 235036 号

中国石化出版社出版发行
地址:北京市东城区安定门外大街 58 号
邮编:100011　电话:(010)57512500
发行部电话:(010)57512575
http://www.sinopec-press.com
E-mail:press@sinopec.com
北京柏力行彩印有限公司印刷
全国各地新华书店经销
＊
710×1000 毫米 16 开本 10 印张 226 千字
2019 年 12 月第 1 版　2019 年 12 月第 1 次印刷
定价:58. 00 元

前　言

　　电成像测井又称为微电阻率扫描成像测井，是一种在地层倾角测井基础上发展起来的测井技术。电成像测井资料具有可进行地层层理、裂缝、孔洞、薄互层等地层结构的识别，地层非均质性评价，沉积环境分析等作用。二十世纪八九十年代，斯伦贝谢公司率先开发了第一款电成像测井仪器 FMI，开辟了一项全新的测井技术，在石油测井仪器中占有举足轻重的地位。在此基础上，国内外各大石油测井公司相继开发了类似的电成像测井仪器，如哈里伯顿公司的 EMI、XRMI，阿特拉斯公司的 STAR，中海油田服务股份有限公司的 ERMI 等。经过多年的发展和实践，电成像测井技术获得了长足进步。但是，随着石油勘探进程的不断深入，深部储层高温高压环境，大斜井、水平井的复杂钻井条件，页岩储层的水敏效应等问题不断出现，对钻井液类型的选用提出了挑战。油基钻井液具有润滑性好、耐高温、可保持井壁稳定和提高钻井效率等优点，因此，在钻井过程中可用油基钻井液代替水基钻井液。FMI 等常规的电成像测井仪器的电流频率低，高阻油基钻井液限制了它们的应用，因此需要开发适用于油基钻井液的电成像测井技术。

　　21 世纪初，斯伦贝谢公司又率先推出了第一支适用于油基钻井液的电成像测井仪器 OBMI，采用四端点测量法，利用纽扣电极对之间的电势差来测量井壁地层的电阻率。随后，贝克休斯公司利用电容耦合测量技术，采用更高的电流频率，研发了另一种适用于油基钻井液的电成像测井仪器 Earth Imager。迄今为止，国内的油基钻井液电成像测井技术基本上参照了这两种仪器的结构和测量原理，并制造了样机，进行了测试和实际生产应用。以上这两种仪器代表了第一代油基钻井液电成像测井技术。2010年前后，斯伦贝谢公司率先将地球物理反演技术引入第二代油基钻井液电成像测井技术中。利用地层参数反演技术，可以进行定量的地层电阻率成像，另外还得到了地层介电常数和极板间隔(极板与地层之间的距离)成像，扩展了油基钻井液电成像测井的应用范围，比如可以进行地层侵入带电阻率 R_{xo} 定量评价，识别和判断裂缝的张开或闭合情况，与介电扫描测井一起评价低阻油层的非均质性，等等。研究人员还开发了带有刮刀的极板装置，仪器工作时，利用极板上的刮刀刮开泥饼层，从而可建立电极与地层之间的导电路径。另外，导电型油基钻井液技术在国外也得到了开发，并应用于实际的电成像测井作业中。

为了全面、系统地反映油基钻井液电成像测井技术的研究和发展，同时也为了国内油田公司更好地使用电成像测井技术，笔者收集和总结了国内外相关文献资料，并结合自己的研究工作，编成此书。对引用的参考文献，在此一并表示感谢。本书出版过程获得了"西安石油大学优秀学术著作出版基金"的资助，并得到国家自然科学基金项目(编号：41804115)、陕西省自然科学基础研究计划项目(编号：2018JQ4008)的资助。编写过程中，西安石油大学电子工程学院的各位老师给予了大量支持和帮助，研究生田豆、任垚煜、李双慧等在文献收集、图件准备方面付出了辛勤劳动，特此感谢。由于作者水平有限，尽管付出很大努力，书中仍难免存在许多缺点和错误，恳请各位读者批评指正。

目　录

I

第1章　电成像测井基础

地球物理测井是应用地球物理学的一个分支,简称测井,基于电、磁、声、放射性等基本物理方法,利用各种仪器测量井下地层的各种物理参数和井眼的技术状况,以解决储层评价和地质工程问题。成像测井是在井下利用阵列扫描测量或旋转扫描测量,沿井眼纵向、周向和径向大量采集地层信息,经过图像处理技术得到井壁的二维或井眼周围一定探测深度内的三维图像,实现地层参数的可视化。与传统的测井曲线相比,具有精确、直观、方便等特点,更好地反映地层参数的复杂性和非均质性。本书所涉及的电成像测井是一种基于普通微电阻率测井,采用多极板、阵列化纽扣电极向地层发射电流,反映井壁或井壁附近地层电阻率变化的测量技术。本章将详细介绍电成像测井基础,包括储层岩石参数、油基钻井液、电成像测井技术的发展、基本原理和资料处理等。

1.1　岩石电阻率和介电常数

1.1.1　岩石电阻率

电成像测井测量井壁岩石电阻率参数,因此首先要明确储层中常见岩石、矿物的电阻率,如表1-1所示。从表中可以看出,不同的岩石、矿物的电阻率各不相同。金属矿物的电阻率很低,如磁铁矿、黄铁矿、黄铜矿等,而石油、一般岩石的电阻率都很高,几乎不导电,如致密砂岩、硬石膏、石英、长石等。岩石电阻率一般具有火成岩电阻率很高,沉积岩电阻率较低的特点,这主要取决于两大类岩石的岩性。火成岩致密坚硬,不含地层水,主要依靠组成岩石的造岩矿物中极少量的自由电子导电,所以电阻率很高,除非该火成岩中含有金属矿物,且具有一定含量和分布特点。沉积岩的岩性与火成岩不同,沉积岩的岩石颗粒之间含有孔隙,其间可能充满含有一定矿化度的地层水,这类岩石主要靠离子导电,导电能力强,电阻率较低。目前所发现的油气田储集层大部分来自沉积岩石。沉积岩岩石的电阻率大小主要取决于组成岩石的颗粒大小、组成结构和岩石孔隙所含流体的性质等。

表1-1　一些主要岩石、矿物的电阻率范围

岩石、矿物名称	电阻率/($\Omega \cdot m$)	岩石、矿物名称	电阻率/($\Omega \cdot m$)
石油	$1 \times 10^9 \sim 1 \times 10^{16}$	疏松砂岩	$2 \sim 50$
致密砂岩	$20 \sim 1000$	含油气砂岩	$2 \sim 1000$

岩石、矿物名称	电阻率/(Ω·m)	岩石、矿物名称	电阻率/(Ω·m)
页岩	$10\sim100$	泥质页岩	$5\sim1000$
石灰岩	$600\sim6000$	贝壳石灰岩	$20\sim200$
泥灰岩	$5\sim500$	白云岩	$50\sim6000$
玄武岩	$600\sim1\times10^5$	花岗岩	$600\sim10^5$
硬石膏	$1\times10^4\sim1\times10^6$	无水石膏	1×10^9
无烟煤	$1\times10^{-4}\sim1$	烟煤	$10\sim10^4$
石英	$1\times10^{12}\sim10^{14}$	白云母	4×10^{11}
长石	4×10^{11}	方解石	$1\times5\times10^3\sim5\times10^{12}$
石墨	$1\times10^{-6}\sim3\times10^{-4}$	磁铁矿	$1\times10^{-4}\sim6\times10^{-3}$
黄铁矿	1×10^{-4}	黄铜矿	1×10^{-3}

1. 岩石电阻率与盐分类型、矿化度、温度和压力的关系

沉积岩的岩石骨架主要靠很少的自由电子导电，导电能力差，因此沉积岩石的电阻率主要取决于所含流体的性质，其中地层水的电阻率与岩石电阻率密切相关。地层水电阻率与地层水所含盐类化学成分、矿化度、温度等相关。在温度、浓度相同的条件下，地层水所含盐类不同，其电阻率也不同。求取地层水电阻率的方法为：首先，当地层水只含有 NaCl 时，可直接利用 NaCl 溶液电阻率与浓度和温度的关系图版求出地层水电阻率；其次，当地层水中含有其他成分，如 CaCO₃、Na₂SO₄、MgSO₄等，利用图版求出各类盐离子与 NaCl 溶液矿化度的换算系数。最后，利用各离子的矿化度乘以换算系数并求总和，得到等效 NaCl 溶液矿化度，利用 NaCl 溶液电阻率与浓度和温度的关系图版求出地层水电阻率。

一般情况下，地层水矿化度越高，溶液内离子数目增加，其导电能力加强，其电阻率降低。随着温度升高，地层水中的离子迁移速度增加，导电能力增强，地层水电阻率降低。地层水的温度取决于地层的埋藏深度，利用地层深度和温度的图版可以确定出地层温度。地层水电阻率 R_w 与地层水矿物度 C_w 和温度 T 的关系为：

$$R_w=\left(0.0123+\frac{3647.5}{C_w^{0.955}}\right)\frac{82}{1.8T+39} \qquad (1-1)$$

另外，岩石电阻率与压力还存在一定关系。对于含有地层水的岩石，岩石电阻率随着压力的增加而增大，其原因是当压力增加时岩石颗粒接触紧密，孔隙减小，甚至闭合，导致岩石的连通性降低，阻碍了地层水中导电离子的运动，因此岩石电阻率增大。对于不含地层水的岩石，可以饱含油气，岩石电阻率随着压力的增加而减小，其原因是该岩石不受孔隙中溶液导电的影响，而主要受岩石骨架影响，当压力增加时，岩石颗粒间更加紧密，自由电子导电能力增强，岩石电阻

率降低。

2. 岩石电阻率与孔隙度和含油饱和油的关系

实验及著名的阿尔奇公式表明，对于给定的岩石，无论怎样改变地层水电阻率，含水岩石电阻率与地层水电阻率的比值为一常数，定义为地层因素 F，即：

$$F = \frac{R_o}{R_w} \qquad (1-2)$$

在双对数坐标系下，地层因素 F 与孔隙度 φ 基本呈现一条直线，满足关系式：

$$F = \frac{a}{\phi^m} \qquad (1-3)$$

式中，a 为比例系数，和岩性相关的，变化范围为 $0.6\sim1.5$；m 为胶结指数，随岩石胶结程度不同而变化，变化范围为 $1.5\sim3$。

可以发现，一般情况下，岩石孔隙度越高，胶结程度越差，岩石的电阻率越低。

在含油岩石中，为消除地层水电阻率和孔隙度变化对岩石电阻率大小的判断，引入电阻增大系数 I，即含油岩石电阻率 R_t 与该岩石完全含水时的电阻率 R_o 之比，即：

$$I = \frac{R_t}{R_o} \qquad (1-4)$$

在同样岩石中，电阻增大系数只与岩石的含油饱和度 S_o 有关，而与地层水电阻率、岩石孔隙度和孔隙形状等因素无关，这为研究岩石电阻率与含油饱和度的定量关系奠定基础。实验研究发现，对于具有代表性的岩石，在双对数坐标系中，电阻增大系数与岩石含水饱和度（$S_w = 1 - S_o$）呈现一条直线，即满足等式：

$$I = \frac{b}{S_w^{\ n}} \qquad (1-5)$$

式中，b 为常数，通常 $b \approx 1$；n 为饱和度指数，只和岩性有关，通常 $n \approx 2$。

阿尔奇公式[式(1-3)、式(1-5)]及其改进形式将岩石电阻率与岩石孔隙度、孔隙结构、含油饱和度和油水分布联系在一起，是基于测井资料定量计算储层岩石含油(气)饱和度的基础。

1.1.2 岩石介电常数

随着二次采油和三次采油的出现，单纯地靠电阻率参数难以在低电阻率油层和高电阻率水层中区分油水层，在电法测井范围内，需要寻找其他物理参数来区分油水层。表1-2给出了常见岩石、矿物以及水的介电常数，从表中可以看出，水的介电常数远大于石油和其他岩石、矿物的介电常数，因此在电阻率的基础

3

上，可以选择介电常数作为区分油水层的重要依据。

表1-2 常见岩石、矿物的相对介电常数

岩石、矿物名称	相对介电常数	岩石、矿物名称	相对介电常数
砂岩	4.65	白云岩	6.8
石灰岩	7.5~9.2	硬石膏	6.35
干胶质	5.76	岩盐	5.6~6.35
石膏	4.16	石油	2.0~2.4
泥岩	5~25	淡水(25℃)	78.3

利用磁矢势 A 描述的电磁波动方程，即：

$$\nabla^2 A + \gamma^2 A = -J_s \tag{1-6}$$

式中，J_s 为发射电流密度；γ 为传播常数，在均匀介质中，$\gamma = \sqrt{-i\omega\mu(\sigma+i\omega\varepsilon')}$，其中，$\sigma$ 为电导率，ε' 为介电常数，μ 为磁导率，H/m。

因此，求解波动方程，可以得到有关介电常数的信息。

但是，在感应测井中，使用的频率较小，$\omega\varepsilon' \ll \sigma$，因此传播常数 $\gamma = \sqrt{-i\omega\mu\sigma}$，传播方程的解不能反映出地层介电常数的信息，因此需要提高测井仪器的发射电流频率。另一方面，在油基钻井液电成像测井环境中，油基钻井液的电阻率很高，可达到 $1 \times 10^4 \Omega \cdot m$ 以上，常规的低频电流信号难以穿过高阻油基钻井液或泥饼层进入地层，影响了地层电阻率的测量，为此需要提高发射电流频率，但是从式(1-6)中可以看出，提高发射电流频率，测量结果将受到介电常数影响，干扰了测量结果对地层电阻率的反映效果。

通过以上分析可以发现，岩石介电常数在高频电磁场中不可忽略，因此除了岩石电阻率变化之外，还需要关心岩石介电常数的变化。研究发现，当电流频率为 2MHz 时，测量信号的幅度衰减和相位差与岩石电阻率密切相关，而且与岩石介电常数也有一定关系，尤其在高阻地层中，岩石介电常数的影响不能忽略。研究人员通过测量大量岩心的物理参数，还发现了岩石介电常数与岩石电阻率、频率和孔隙度和饱和度之间的对应关系。

1. 岩石介电常数与岩石电阻率的关系

图1-1 显示了 300 块碳酸盐岩、砂岩岩心在 2MHz 条件下岩石介电常数和岩石电阻率的对应关系。从图中可以看出，整体上岩石相对介电常数 ε_r 随着岩石电阻率 R_t 的增加而减小，拟合关系式为 $\varepsilon_r = 110 R_t^{-0.35}$，因此岩石介电常数和岩石电阻率不是相互独立的，而是满足一定条件下的耦合关系，这为在高频条件下消除介电常数变化对岩石电阻率测量的影响提供实验基础。

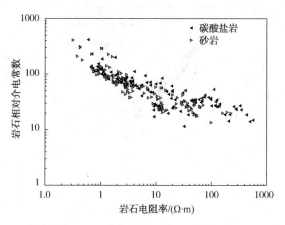

图 1-1　实验室中 2MHz 条件下岩石介电常数与岩石电阻率数据

图 1-2 是在图 1-1 的基础上增加了非饱含水岩心和部分实际测井中的数据。从图中可以发现，当电阻率高于 1000Ω·m 时，介电常数不再持续下降，而是趋近于一个常数 5，这是因为岩石骨架自身也含有一定大小的介电常数。因此，图 1-2 中可以利用限定高电阻率对应的介电常数大小的拟合表达式表示，即 $\varepsilon_r = 108.5R_t^{-0.35} + 5$。另外，图 1-3 还给出了 400kHz 条件下岩石相对介电常数与岩石电阻率的关系，可以发现频率不同，拟合系数发生变化，图 1-3 对应的拟合等式为 $\varepsilon_r = 280R_t^{-0.35} + 5$。

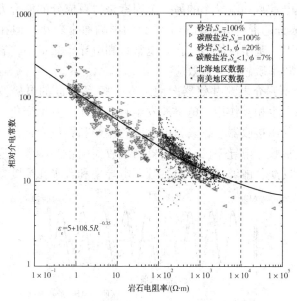

图 1-2　实验室中 2MHz 条件下岩石介电常数与
岩石电阻率数据（增加 1000Ω·m 以上数据）

5

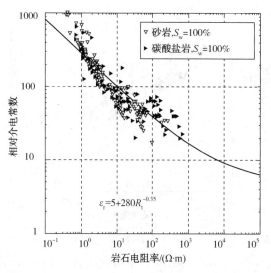

图 1-3 实验室中 400kHz 条件下岩石介电常数与岩石电阻率数据

2. 岩石介电常数与孔隙度、含水饱和度的关系

因为岩石基质和水的介电常数差别很大，因此在微波范围内测量的储集层岩石的介电常数主要是含水孔隙的函数。油和岩石基质的介电常数基本相同，因此如果有油气存在，单用介电测井资料无法反演出含水孔隙度和总孔隙度，但与孔隙度测量方式结合，用介电资料能定量分析流体饱和度。

影响岩石介电常数和电导率的另一个因素是岩石成分的混合方式。当频率为 1GHz 时，岩石成分的混合方式对介电常数的影响通常较小，但在较低频率下测量时，其影响较大。基于该原因，在介电常数和电导率测量中，岩石结构和泥质含量能够引起对频率敏感的频散效应。

如图 1-4 所示，介电测井仪器向地层发生频率为 ω 的电磁波，电磁波与地层中流体和矿物发生相互作用，电磁波发生衰减，速度发生变化。速度的变化对应于相位偏移。利用接收器装置测量电磁波的振幅和相位变化，该变化是初始频率，介质的介电常数，电导率已经发射器与接收器间距的函数。通过对振幅变化和相位移动进行反演，能够得到介电常数、电导率和含水孔隙度参数。

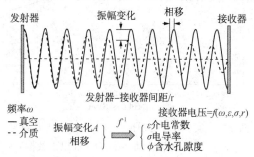

图 1-4 测量信号振幅和相位变化反演介电常数、电导率、含水孔隙度

斯伦贝谢公司推出 EPT 介电测井仪，利用电磁波通过岩石的时间计算含水孔隙度，即 t_{po} 方法：

$$\phi_{EPT} = \frac{t_{po} - t_{pma}}{t_{pwo} - t_{pma}} \qquad (1-7)$$

式中，t_{po} 为电磁波无损传播时间；t_{pma} 为电磁波通过基质的传播时间；t_{pwo} 为电磁波通过水的无损传播时间。

式 (1-7) 的计算过程类似于声波测井求解孔隙度的方法，需要了解地层水矿化度和温度，从而估测电磁波在地层水中的传播时间。

在实际地层中，岩石孔隙不仅含有水，还含有油气，岩石基质中还含有各种矿物质。这些因素都可能会改变电磁波的传播特性，t_{po} 方法不足以计算含水孔隙度，因此提出了介质混合方法，以便解释电磁波与地层中不同元素之间的相互作用。

最早用来计算混合物岩石物理属性的方法是复杂时间平均法 (CTA)，该方法结合了电磁波相位移动和幅度衰减，含有两个方程，从而联合确定孔隙中的含水量，即：

$$t_{pl} = \phi S_{xo} t_{pw} + \phi (1 - S_{xo}) t_{ph} + (1 - \varphi) t_{pma} \qquad (1-8)$$

$$A = \phi S_{xo} A_w \qquad (1-9)$$

式中，t_{pl} 为仪器测量的损失传播时间；t_{pma} 为通过基质的传播时间；t_{pw} 为通过水的传播时间；t_{ph} 为通过油气的损失传播时间；ϕ 为孔隙度；S_{xo} 为冲洗带含水饱和度；A 为幅度衰减；A_w 为通过水的衰减。

t_{po} 和 CTA 方法都是早期电磁波测井仪器利用电磁波传播时间来求得孔隙度的方法。另外一种方法是复杂折射指数法 (CRI)，将孔隙度与介电常数结合起来，即：

$$\sqrt{\varepsilon^*} = (1 - \phi_T) \sqrt{\varepsilon_m} + \varphi_T \left[S_w \sqrt{\varepsilon_w^*} + (1 - S_w) \sqrt{\varepsilon_o} \right] \qquad (1-10)$$

式中，ε^* 为混合介电常数；ε_m 为基质介电常数；ε_w^* 为水的介电常数；ε_o 为油气的介电常数；S_w 为含水饱和度；ϕ_T 为总孔隙度。

通过分析得出，t_{po} 方法是介电测井仪器早期进行孔隙度求取的方法，与声波资料计算孔隙度的方法类似。该方法只对无损传播时间有效，因此不能代表井下环境。CTA 根据振幅衰减、电磁波传播时间和冲洗带含水饱和度计算孔隙度，与 CRI 方法相比，其准确性较低。CRI 采用井下条件测量的介电常数，并根据井下条件对基质、油、水的介电常数进行调整。总孔隙度可以利用密度测井、中子测井资料得到，从而计算出含水饱和度。CRI 方法是目前将岩石介电常数与孔隙度、饱和度结合在一起而最普遍采用的方法。

3. 岩石介电常数与频率的关系

受高矿化度影响，岩石结构参数能够影响介电常数的测量，在不同频率下测量得到的介电常数发生变化，因此需要考虑岩石介电常数随频率变化的现象。图1-5显示了碳酸盐岩中的频散现象。研究人员发现，由于岩石结构不同，在低频条件下，属性相似的碳酸盐岩之间仍然可能存在较大的介电响应差异。图中显示了孔隙度、渗透率和饱和流体类似的两块碳酸盐岩样品在实验室条件下测得的介电常数以及利用 CRI 方法计算的介电常数。实验室测得的 2 号碳酸盐岩样品的介电常数与 CRI 方法计算结果相似，而 1 号碳酸盐岩样品的介电常数与 CRI 方法计算结果却不同，差异较大。当频率达到 1GHz 以上时，3 条曲线的吻合程度较好，因此 EPT 仪器选择了该处的频率值。由于两块岩石的孔隙度、渗透率和饱和流体性质都类似，因此该频散现象主要由碳酸盐岩样品的不同结构引起的。

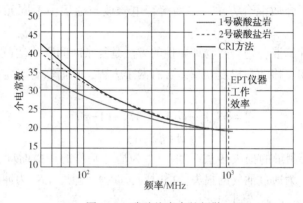

图 1-5　碳酸盐岩中的频散

研究人员测量了饱和不同矿化度盐水的岩样的介电常数和电导率。图1-6显示了在不同流体矿化度条件下介电常数和电导率随频率的变化关系。可以发现，干岩样的介电常数基本不随频率变化。饱和盐水之后，介电常数随频率增大而降低，而且盐水的矿化度越高，降低程度越明显，最后饱和矿化度的四条曲线在 1GHz 附近交汇。而电导率随着频率增加而增加，而且没有交汇。

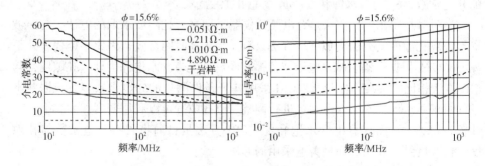

图 1-6　流体矿化度对介电属性的影响

为了能够定量表示岩石的频散现象，研究人员提出了各种模型，其中结构模型利用片状颗粒元素以模拟岩石结构的变化，并选择几种结构明显不同的岩石样本，并利用频散模型对结果进行拟合，其结果比传统 CRI 方法更接近岩心的测量结果。如图 1-7 所示，CRI 方法计算的结果与岩心试验结果在 1GHz 时相一致，但在低频率时岩心测量结果和 CRI 结果相差很大。而结构模型的结果与岩心测量结果匹配较好。

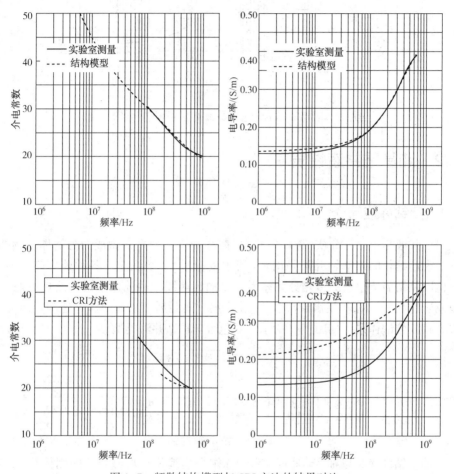

图 1-7　频散结构模型与 CRI 方法的结果对比

另外，在砂泥岩中存在的黏土种类影响岩石的频散现象。如图 1-8 所示，在蒙脱石-水混合中测量的介电常数与频率之间的响应变化程度明显高于高岭石-水混合物中的之间的变化程度。而砂岩-水混合物中频散现象不明显。其原因是，蒙脱石比高岭石对水具有更强的束缚能力，随着频率增加，其介电常数降低程度大。

9

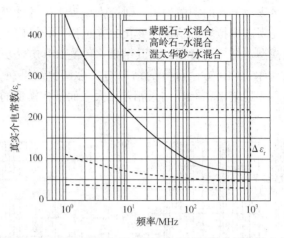

图 1-8　含黏土砂岩表现出黏土类型对频散特性的影响

1.2　油基钻井液性质

1.2.1　钻井液简介

钻井液是由分散介质(连续相)、分散相和化学处理剂做成的分散体。例如,以水为连续相的水基钻井液是由水(淡水或盐水)、膨润土、各种处理剂、加重材料以及钻屑所组成的多相分散体系。以油为连续相的油包水钻井液是由油(柴油或矿物油)、水滴(淡水或盐水)、乳化剂、润湿剂、亲油固体等处理剂所形成的乳状液分散体系,如图 1-9 所示,共包含 7 种钻井液类型。

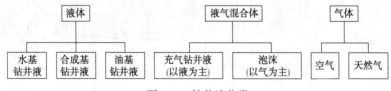

图 1-9　钻井液分类

油基钻井液是以油(柴油或矿物油)作为连续相,水或亲油的固体(如有机土、氧化沥青等)作为分散相,并添加适量处理剂、石灰和加重材料等所形成的分散体系。水的体积分数在 5% 以下的普通油基钻井液已较少使用,主要使用的是油水体积比在(50~80)∶(50~20)范围内的油包水乳化钻井液。与水基钻井液相比,油基钻井液的主要特点是能抗高温,有很强的抑制性和抗盐、钙污染的能力,润滑性好,并可以有效地减轻对油气层的损害等。因此,这类钻井液已成为钻深井、超深井、大位移井、水平井和水敏等各种复杂井况的重要技术手段之一。但是,由于其配置成本较高,以及使用时会对环境造成一定的污染,使其应用受到一定的限制。

油基钻井液由于其配置成本比水基钻井液高很多，一般只用于高温深井、海洋钻井，以及钻大段泥页岩地层、大段盐膏层和各种易塌、易卡的复杂地层。

油基钻井液的发展历程如图1-10所示。最早在20世纪20年代就用原油作为洗井介质，但其流变性和滤失量均不易控制；到了50年代，形成了以柴油为连续介质的油基钻井液和油包水乳化钻井液；为了克服油基钻井液钻速较低的特点，70年代又发展了低胶质油包水钻井液，为了进一步增强其防塌效果，还研制出了活度平衡的油包水乳化钻井液；到了80年代，为加强环境保护，特别是为了避免钻屑排放对海洋生态环境的影响，又出现了以矿物油为连续相的低毒油包水乳化钻井液，但是，即使是矿物油基钻井液也会对环境造成持续的不良影响，因此在1988年，出现立法限制了油基钻井液的使用，这促使了合成基钻井液的研发和使用。具有代表性的合成基钻井液有酯合成钻井液、聚α-烯烃钻井液、线性α-烯烃合成钻井液和内烯烃合成钻井液等。20世纪初，出现了导电型油基钻井液，开创了在油基钻井液环境中使用微电阻率成像测井的先河。

1.2.2　油基钻井液的组分和性能

油基钻井液，这里主要指油包水乳化钻井液，其主要组成包括基油、水相、乳化剂、润湿剂、亲油胶体、石灰和加重材料等。基油作为钻井液的连续相，普遍采用柴油和各种低毒矿物油。淡水、盐水和海水均可作为油基钻井液的水相，且通常含有一定量$CaCl_2$或$NaCl$的盐水，其主要作用是控制水相的活度，防止或减弱页岩地层的水化膨胀，保持井壁稳定。水相含量通常为15%~40%，增大水相含量可以减少基油用量，减少成本，但是其稳定性降低，必须添加其他乳化剂来保持稳定性。

在实际钻井过程中，一部分地层水可能会进入钻井液，因此水相含量增加，需要适当补充基油以达到保持钻井液稳定性的目的。为了形成稳定的油包水乳化剂钻井液，必须正确选择和使用乳化剂，常用的乳化剂为高级脂肪酸的二价金属皂。由于大多数天然矿物都是亲水的，当重晶石粉和钻屑等亲水的固体颗粒进入W/O型钻井液时，它们趋于与水聚集，破坏钻井液的稳定性。因此，需要在钻井液中添加润湿剂，使重晶石粉和钻屑表面由亲水变成亲油，以保证其能够很好地悬浮于油相中。为了增加油基钻井液的黏度并降低滤失，需要将有机土、氧化沥青以及亲油的鹤煤粉、二氧化锰等分散在油包水乳化钻井液油相中，这些固体处理剂统称为亲油胶体。使用最普遍的是有机土和氧化沥青。有机土分散在油中起到提黏和悬浮重晶石的作用，还可以在一定程度上增强油包水乳状液的稳定性。氧化沥青是一种将普通沥青经加热吹气氧化处理后与一定比例的石灰混合而成的粉剂产品，常用作油包水乳化钻井液的悬浮剂、增黏剂和降滤失剂，也能抗高温和提高钻井液的稳定性，其缺点是不利于提高钻井速度。

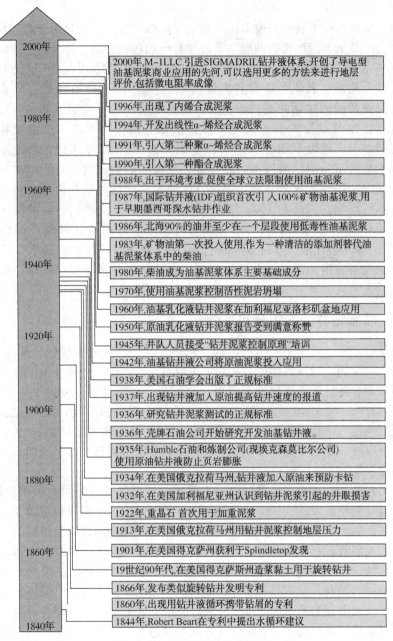

图 1-10 油基钻井液发展历史

石灰是油基钻井液的重要组成部分,其主要作用包括:第一,提供的 Ca^{2+} 有利于二元金属皂的生产,从而保证所添加的乳化剂可充分发挥效能;第二,将钻井液的 PH 值维持在 8.5~10 范围内,防止钻具腐蚀;第三,防止地层中的 CO_2

和 H_2S 等酸性气体污染钻井液。重晶石粉在水基和油基钻井液中都是重要的加重材料，控制井内压力，防止油井自喷。对于油基钻井液，加重前应注意调整好各项性能，油水比例不宜过低，并适当地多加入润湿剂和乳化剂，使得重晶石能够很好地分散和悬浮在钻井液中。

表1-3 显示了我国《钻井手册(甲方)》中所推荐的油包水乳化钻井液的基本配方及性能参数。

表1-3 油包水乳化钻井液的基本配方及其性能参数

配方		性能	
材料名称	加量/(km·m^{-3})	项目	指标
有机土	20~30	密度/(g·cm^{-3})	0.90~2.00
主乳化剂：环烷酸钙	20左右	漏斗黏度/s	30~100
油酸	20左右	表观黏度/s	20~120
石油磺酸铁	100左右	塑性黏度/(mPa·s)	15~100
换完酸酰胺	40左右	动切力/Pa	2~24
辅助乳化剂：Span-80	20~70	静切力(初/终)/Pa	(0.5~2)/(0.8~5)
ABS	20左右	破乳电压/V	500~1000
烷基苯硫酸钙	70左右	API滤失量/mL	0~5
石灰	50~100	HTHP滤失量/mL	4~10
CaCl$_2$	70~150	pH值	10~11.5
油水比	(85~70):(15~30)	含砂量/%	<0.5
氧化沥青	视需要而定	泥饼摩阻系数	<0.15
加重剂	视需要而定	水滴细度(35mm)/%	95以上

配置油基钻井液时，主要关注以下几个性能，即密度、流变性、滤失量、乳化稳定性和固相含量控制。油基钻井液作为一种多相流体，既具有热膨胀性也具有可压缩性，密度是温度和压力的函数。实验表明，在一般情况下随着井深增加，钻井液密度减小。对于深井时，计算井底静液压力时需要考虑温度和压力对钻井液密度的影响，否则会给井控带来严重问题。主要通过加重材料、油水比和改变水相密度的方法来调整油基钻井液的密度。

有机土、重晶石、水相和乳化剂等组分的增加，钻井液的表观黏度依次增大。另外，温度增加使得钻井液黏度降低，温度增加使得钻井液黏度增大。在深井中，温度的作用超过了压力的影响。

在强水敏性、易坍塌复杂地层采用油基钻井液的主要原因是，油基钻井液的滤液成分主要为油相，而且滤失量低。钻井液中的亲油胶体吸附和沉积在井壁上，形成致密的滤饼或泥饼层，分散在油中的乳化水滴也有利于堵孔，水相中高含盐量有效防止油基钻井液的水分向井壁岩石运移。可以通过补充乳化剂和润湿剂提高钻井液稳定性，补充有机褐煤、氧化沥青、高温降滤失剂来降低滤失量。

当钻遇水层使得钻井液中水量大幅度增加，或乳化剂和润湿剂吸附在钻屑表面导致其过量消耗都将导致钻井液稳定性变差。衡量乳状液稳定性的定量指标是破乳电压，其值越高则钻井液的稳定性越强。一般要求油基钻井液的破乳电压不低于400V，实际上很多性能良好的油基钻井液，其破乳电压在2000V以上。另外，固相含量过高，影响钻井液的乳化稳定性及其他性能，钻井成本增大。可以利用细目振动筛、钻井液清洁剂和稀释法来控制钻井液中固相含量。

1.2.3　油基钻井液的电学性质

从油基钻井液的组分可以看出，除水相组分外，其余组分的导电能力都较差，因此与水基钻井液相比，油基钻井液的电阻率都很大。图1-11给出油基钻井液和水基钻井液的电导率随频率变化的对比结果。从图中可以看出，整体上水基钻井液的电导率比油基钻井液的电导率高出 $10^4 \sim 10^6$ 倍，而且随着频率的增加，钻井液导电能力有所提高，减少油水比例（OWR）可以在一定程度上提高钻井液的导电能力，但效果不明显。

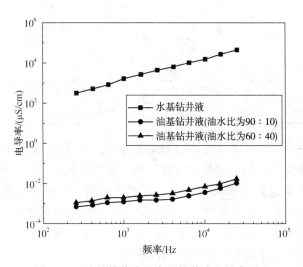

图1-11　油基钻井液和水基钻井液电导率对比

表1-4给出了在10MHz条件下，油含量、$CaCl_2$含量、油水比以及温度变化对油基钻井液电阻率影响的实验结果。从表中可以看出，随着温度增加，钻井液的电阻率降低，但增加油水比，钻井液电阻率增大，而且油水含量的变化对钻井液电阻率变化影响很大，$CaCl_2$的含量变化对钻井液电阻率变化影响较小。

14

表 1-4 不同温度下 19 个油基钻井液样本的测量电阻率数据(10MHz)

油含量/%	CaCl₂含量/%	油水比	电阻率/(×10⁴Ω·m)				
			20℃	30℃	40℃	50℃	60℃
40	3.3	71:29	2.69	2.37	1.79	1.27	0.937
60	6.6	79:21	8.36	5.82	3.47	2.41	1.62
25	5	59:41	0.92	0.92	0.871	0.76	0.653
45	5	60:40	2.95	2.75	2.53	2.01	1.59
45	15	71:29	5.44	4.25	3.99	3.53	3.06
40	6.3	72:28	2.57	2.49	2.04	1.86	1.53
55	3.7	86:14	4	2.93	2.04	1.41	0.894
70	4.7	86:14	4.26	3.19	2.22	1.48	1.07
—	—	—	2.46	2.07	1.49	1.1	0.749
—	—	—	0.926	0.926	0.926	0.892	0.81
—	—	—	0.696	0.631	0.56	0.512	0.455
—	—	—	0.943	0.853	0.733	0.732	0.659
—	—	—	0.926	0.779	0.741	0.671	0.603
42	2.9	66:34	0.856	0.856	0.856	0.853	0.853
—	—	—	0.609	0.598	0.574	0.574	0.574
68	19	78:22	2.3	1.9	1.67	1.67	1.45
—	—	—	0.594	0.571	0.541	0.522	0.522
—	—	—	0.305	0.305	0.273	0.254	0.222
66	24.67	80:20	0.603	0.566	0.545	0.527	0.527

为了方便水基钻井液的电法测井仪器能够在油基钻井液中使用,需要提高油基钻井液的导电能力。如前所述,提高频率和增大油水比可以在一定程度上提高钻井液的导电能力,但效果不明显。另外还有其他几种提高油基钻井液导电能力途径,首先,向钻井液中加入表面附着金属层的导电固体颗粒或者石墨颗粒,形成导电路径,分为非相互作用式颗粒和相互作用式颗粒,非相互作用式颗粒要求颗粒的浓度很大,以使得的颗粒与颗粒之间接触,从而形成导电路径,但是加入高浓度的导电颗粒不利于钻井液流变性的控制。为了降低颗粒浓度,可以选择不规则的颗粒;相互作用式颗粒需要的浓度较小,颗粒直径可达到微米级或更小,通过表面机能或者布朗运动形成导电路径,但是钻井液中的乳化剂等组分在一定程度上妨碍了相互作用式颗粒建立导电路径。加入导电颗粒的缺点是形成的滤液几乎完全不导电。图 1-12 给出了加入导电颗粒的示意图。

 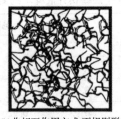 

(a)非相互作用方式,规则形状　　(b)非相互作用方式,不规则形状　　(c)相互作用方式

图 1-12　导电颗粒示意图

　　另外一种方法是改变油基钻井液中的水相分布方式,一般情况下,钻井液中的水相部分导电能力强,但水相是分散的,因此钻井液仍然是不导电的。通过减少钻井液中乳化剂的含量,可以在局部形成水相液滴聚集,从而形成导电路径,但是,减少了乳化剂含量,容易降低钻井液的稳定性,如果控制不当,将导致整个钻井液体系的乳化失败,而且水相液滴聚集,容易提高滤液中的水分含量,影响页岩地层井壁稳定性和地层润湿性。另外,还可以选择恰当的方法或者表面活性剂,将水相溶解在基油中,将油相形成具有较强导电能力的微乳化液,但是该措施对化学和温度条件的变化非常敏感,难以控制。

　　还有一种方法是改变油相分布,该方式具有一定的优势,但是需要借助离子材料,在油相中形成电荷载体。许多盐可以在非极性溶剂环境中溶解,但不能轻易电离导电,因此有机相的极性是影响钻井液导电能力的一个至关重要的因素。由于油基钻井液的油相通常为非极性的,因此需要寻找一种恰当的极性溶剂,从而有助于离子材料的溶解和电离,形成导电路径。表 1-5 给出了含有有机氮化合物和醇酯类溶剂的油基钻井液的电导率。

表 1-5　含有有机氮化合物和醇酯类溶剂的油基钻井液电导率数据

溶剂	单位醇酯类含量	钻井液电导率/(μS/m)
丙二醇正丁醚(PnB)	1	13000
二丙二醇正丁醚(DPnB)	2	6300
三丙二醇正丁醚(TPnB)	3	3900
UCON LB65	6	260
UCON LB135	23	100

　　离子盐分选择可以包括无机金属盐,例如碱金属卤化物,另外一种是具有良好的配位体性质的有机金属盐,例如钙、铁、钼、铜等金属元素。表 1-6 给出了碱金属溴化物溶解在乙二醇醚的电导率数据。表 1-7 给出了季铵盐溶解在半极性溶剂 SPS 的电导率数据,油与 SPS 的比例为 60∶40。

16

表 1-6　碱金属溴化物溶解在乙二醇醚的电导率数据

盐分	溶解方式	电导率/(μS/m)
LiBr	加热溶解	18000
NaBr	轻微加热溶解	150
KBr	几乎无加热溶解	25

表 1-7　季铵盐溶解在半极性溶剂 SPS 中的电导率数据

季铵盐	在 SPS 中的电导率/(μS/m)	在油/SPS(60∶40)中的电导率/(μS/m)
C4	4000	660
C5	2600	560
C6	2300	480
C8	1700	410

　　研究导电型的油基钻井液，势必会增加研发使用成本，因此本书中仍然使用常规油基钻井液。由于油基钻井液的导电能力差，电法测井仪器在使用时必须提高电流频率，因此还有必要考查油基钻井液的介电常数。图 1-13 给出了实验室条件下测量得到的油基钻井液电阻率与相对介电常数的变化关系，从图中可以看出，钻井液的电阻率基本都在 $5000\Omega \cdot m$ 以上，相对介电常数的范围基本在 $3\sim10$ 之间，整体上，相对介电常数随着电阻率增加呈现出递减的趋势。

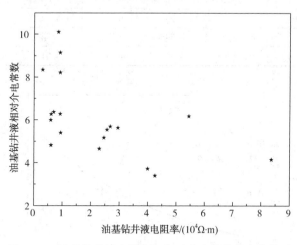

图 1-13　油基钻井液电阻率与相对介电常数的变化关系

　　从 1.1.2 节中可以看出，介质的介电常数大小受频率的影响，除此之外，还受介质组分的影响。表 1-8 给出了与表 1-4 对应的油基钻井液介电常数数据。可以看出，温度变化能够轻微地影响油基钻井液的介电常数，整体上，温度增加，增加水相比例，油基钻井液的介电常数增大。图 1-14 给出了一个利用实验测量数据得出的相对介电常数和含水比例的拟合关系。

表 1-8　不同温度下 19 个油基钻井液样本的测量相对介电常数数据(10MHz)

油含量/%	CaCl₂含量/%	油水比	相对介电常数				
			20℃	30℃	40℃	50℃	60℃
40	3.3	71:29	5.69	5.69	5.7	5.73	5.77
60	6.6	79:21	4.16	4.17	4.18	4.19	4.22
25	5	59:41	9.14	9.14	9.15	9.28	9.32
45	5	60:40	5.63	5.63	5.63	5.65	5.66
45	15	71:29	6.17	6.18	6.18	6.18	6.19
40	6.3	72:28	5.54	5.54	5.56	5.58	5.6
55	3.7	86:14	3.72	3.73	3.74	3.76	3.79
70	4.7	86:14	3.4	3.39	3.38	3.39	3.39
—			5.17	5.18	5.21	5.23	5.24
—	—	—	8.21	8.14	8.03	7.89	7.82
			6.36	6.39	6.42	6.46	6.53
			5.4	5.47	5.55	5.58	5.64
—	—	—	6.27	6.27	6.28	6.3	6.33
42	2.9	66:34	10.1	10	9.95	9.91	9.87
—	—	—	6.26	6.28	6.3	6.32	6.35
68	19	78:22	4.66	4.66	4.66	4.66	4.67
			5.99	6.02	6.12	6.17	6.2
—	—	—	8.34	8.39	8.54	8.66	8.81
66	24.67	80:20	4.82	4.86	4.91	4.97	5.04

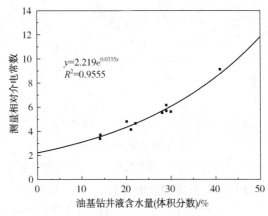

图 1-14　油基钻井液相对介电常数与
含水量的变化关系(10MHz，20℃)

18

本节详细梳理了油基钻井液的分类、组分和性能、电学性质等内容，为研究油基钻井液的发展和使用油基钻井液环境中的电法测井仪器提供参考。本书的内容仍然是基于传统高电阻率的油基钻井液，低电阻率油基钻井液的研制和使用不在本书的研究范围内。

1.3　电成像测井技术发展

电阻率测井是最早使用的测井方法，通过设计不同的仪器结构，实现不同径向探测深度和纵向分辨率的地层电阻率测量。在电阻率测井技术中，为了提高纵向分辨能力，发展了微电阻率测井技术，主要包括微电极系测井、微侧向测井、邻近侧向测井和微球聚焦测井等，其中微电极系测井是一种电极距较小、探测深度浅、纵向分辨率高的测井技术，主要用来测量侵入带电阻率。微电极系测井仪器没有聚焦装置，探测深度浅，受泥饼分流作用的影响大。随后发展的微侧向测井采用了聚焦装置，探测深度增加，能够反映出侵入带电阻率，但是，当泥饼厚度较大时，泥饼的影响较严重，因此发展了邻近侧向测井。邻近侧向测井的探测深度较大，使得泥饼的影响较小，但是侵入较浅时，测量结果受原状地层电阻率的影响较大，仍不能准确反映侵入带电阻率。随后人们巧妙地发展了微球聚焦测井技术，探测深度较浅，测量结果受泥饼和原状地层的影响较小。随后在微电阻率测井技术基础上，发展了具有地层方位探测能力的地层倾角测井仪器装置，该装置含有多个仪器臂，工作时，利用机器或液压的方式将极板推靠在井壁上，装在多个极板上的微电极可以测量接触点的井壁电阻率，从而反映地层产状信息。随后又发展了水基钻井液中微电阻率成像测井仪器和油基钻井液中的微电阻率成像仪器。本节重点按照地层倾角测井、水基钻井液电成像测井和油基钻井液电成像测井三部分介绍电成像测井技术的发展(图1-15)。

1.3.1　地层倾角测井仪器

地层倾角测井是探测裂缝储集层的有效方法，其使用最早可以追溯到20世纪30年代，利用沉积岩特别是泥岩的各向异性进行测量，测得资料反映出地层的倾斜方向。1942年，在美国海湾油田砂泥岩剖面中，使用自然电位式地层倾角测井仪器取得良好的测井资料。1945年，在自然电位不明显的地区，开始使用电阻率地层倾角测井仪，测得三条电极距等于3ft(1ft=0.3048m)的梯度视电阻率曲线。1952年，斯伦贝谢公司开始使用CDM-T型连续地层倾角测井仪器，记录三条微梯度电阻率或电导率曲线。1956年，又使用CDM-P型地层倾角测井仪，记录三条微聚焦电阻率或电导率测井曲线。1963年，发展了一种四臂式地层倾角测井仪器，明显提高了垂直分辨能力。20世纪80年代又使用高分辨率地层倾角测井仪SHDT和六臂地层倾角测井仪，能在严重不规则的井眼及仪器自身不居中的情况下得到可靠的测井资料。

19

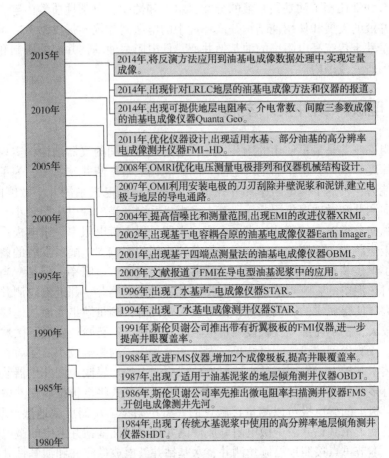

图 1-15　电成像测井仪器发展

以高分辨率地层倾角测井仪 SHDT 为例，简要介绍地层倾角测井仪器的工作原理和使用方法。图 1-16 给出了 SHDT 仪器的整体结构分布。SHDT 仪器具有四个极板，利用推靠臂装置与仪器主体连接，在仪器上端还含有伽马测井仪、仪器方位、倾斜和速度测量装置和电子线路、信号接收和传输装置等。在极板上安装有两个水平距离为 3cm 的并列电极（图 1-17），相比于更早的地层倾角测井仪 HDT，电极和极板尺寸都减小，可以提高测量曲线的分辨能力，扩大井眼使用范围。由于两个并列电极距离较近，所以它们记录的电阻率曲线非常相似。当进行关联对比时，所得结果的精度非常高。如图 1-18 所示，图中给出了沿着 12ft 长井段内极板Ⅱ和极板Ⅲ记录的曲线。由于电极的空间距离非常小，由并列对比所得到的位移比极板与极板对比所得位移小，因而可以测量很高的地层倾角，而极板与极板的距离较大，可反映的地层倾角较小。这样利用极板上电极之间的并列对比能够解决沉积学方面的问题和垂直裂缝测量的问题。

20

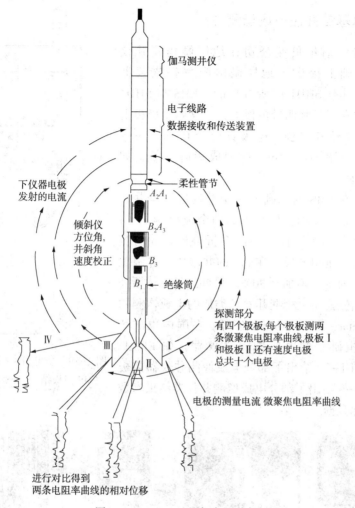

伽马测井仪

电子线路
数据接收和传送装置

柔性管节

A_2A_1

下仪器电极
发射的电流

B_2A_3

倾斜仪
方位角,
井斜角
速度校正

B_3

B_1 绝缘筒

探测部分
有四个极板,每个极板测两
条微聚焦电阻率曲线,极板 I
和极板 II 还有速度电极
总共十个电极

IV   III   I

II

电极的测量电流 微聚焦电阻率曲线

进行对比得到
两条电阻率曲线的相对位移

图 1-16   SHDT 地层倾角测井仪

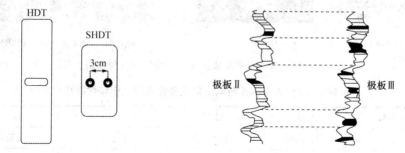

HDT

SHDT

3cm

极板 II   极板 III

图 1-17   HDT 和 SHDT 极板对比

图 1-18   并列对比和极板与极板对比

1.3.2 水基钻井液电成像测井

1986年，斯伦贝谢公司在地层倾角测井仪SHDT的基础上提出了地层微电阻率扫描仪器FMS。FMS具有SHDT的所有功能。FMS与SHDT的差别主要在三号和四号极板上，在这两个极板上安装有27个纽扣电极，电极直径为0.2in（1in = 0.0254m），间距为0.4in，排列成矩阵系统，如图1-19所示。

随后，在FMS的基础上又相继发展了全井眼电成像测井仪器FMI，从原来的两个极板54个纽扣电极发展到四个主极板与四个折叠极板同时测量，共192个纽扣电极，在8in的井眼中，井眼覆盖率由原来的20%增加到80%。另外，贝克休斯公司和哈里伯顿公司也相继开发了类似的电成像测井仪器，如Star-II、EMI/XRMI等。在国内也陆续出现了自主研发的电成像测井仪器，如ERMI、MCI等。图1-20给出了部分电成像测井仪器或极板图，表1-9给出了部分电成像测井仪器结果参数和性能指标数据。

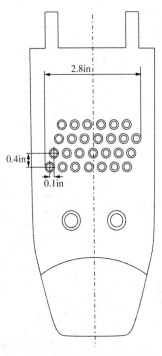

图 1-19 微电阻率扫描测井仪 FMS 极板结构（3 号和 4 号）

 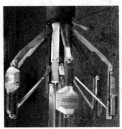 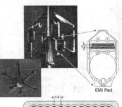 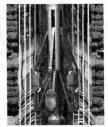

(a)FMZ　　　　(b)Star-II　　　　(c)EMZ　　　　(d)XRML

图 1-20 部分水基钻井液电成像测井仪器极板

表 1-9 部分水基钻井液电成像成测井仪器结构和性能指标数据

参数	EMI	XRMI	FMI	Star-II
公司	哈利伯顿	哈利伯顿	斯伦贝谢	贝克休斯
仪器总长	7.34m	7.37m	8.02m	9.4m
最大直径	127mm	127mm	127mm	140mm
极板、电极数	6/150	6/150	8/192	6/144

22

参数	EMI	XRMI	FMI	Star-II
最大测速	548m/h	548m/h	548m/h	548m/h
最大井眼	21in	21in	21in	21in
最小井眼	6.2in	5.5in	6.2in	6.5in
测量范围	0.2~5000Ω·m	0.2~10000Ω·m	0.2~10000Ω·m	1~3000Ω·m
井壁覆盖率	64%(8.5in)	64%(8.5in)	80%(8in)	60%(8.5in)
采样率	0.1in	0.1in	0.1in	0.1in
分辨率	0.2in	0.2in	0.2in	0.2in
测井方式	成像、倾角	成像、倾角	8/4成像、倾角	成像、倾角
组合方式		能与偶极横波成像仪组合成测井	能与其他测井仪组合测井,但必须在底部	能与声波成像仪组合测井
探测深度	20.54cm	5cm	与LLS相当	

1.3.3 油基钻井液电成像测井

起源于20世纪80年代的电成像测井在油气勘探和储层精细评价过程中发挥着巨大作用。最初研发的电成像测井仪器(如FMS、FMI等)都适用于导电能力强、即电阻率低的水基钻井液。然而,随着勘探开发的不断深入,越来越多的深水储层的高温高压环境,大斜井、水平井中的复杂环境,页岩储层中的水敏效应等问题对钻井液类型提出挑战。油基钻井液不仅具有很好的润滑性能,而且具有耐高温、保持井壁稳定和提高钻井效率等优点,因此在钻井过程中经常使用油基钻井液代替水基钻井液。

由于油基钻井液具有很高的电阻率,常规的电成像测井仪器难以适用于油基钻井液环境,因此需要发展适用于油基钻井液环境的电成像测井仪器。进入21世纪以来,适用于油基钻井液的电成像测井仪器及其应用报道相继出现,如图1-21所示。与水基电成像测井仪器相比,这些油基电成像测井仪器使用更高的电流频率,从工作原理上可以分为3类。第一类是四电极测量法,该方法对井眼形状要求很高,当井壁不光滑或井壁附着泥饼较厚时,成像效果不理想,而且对于与井眼交叉成高角度的地层特征反应不灵敏。第二类是双电极测量法,即采用电容耦合原理,利用测量阻抗的幅度进行成像,该方法适用于高阻地层,但受到泥饼电容耦合作用影响,测量阻抗的动态范围不大,在低阻地层成像效果较差。第三类是采用刀刃电极,即测量时采用安装在纽扣电极上的刀刃划开泥饼层,然后进行测量,但这类方法的应用效果较差。上述3类方法都是定性表征井壁附近地层电阻率的变化,不能定量解释。另外,研究人员对FMI仪器进行了升级改造，以期在油基钻井液中获得与水基钻井液环境中类似的高清晰成像，但是受测量原理和数据处理方法的限制，只能在特定的油基钻井液环境中使用。

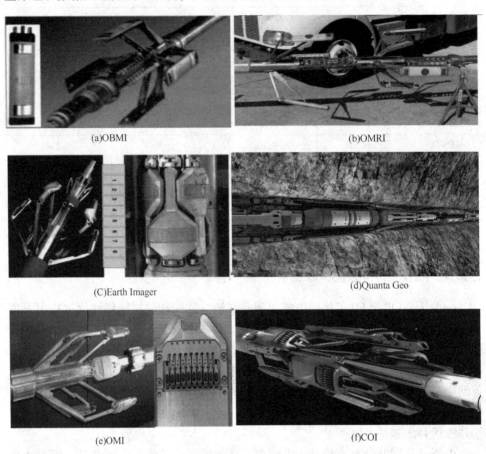

(a)OBMI (b)OMRI

(C)Earth Imager (d)Quanta Geo

(e)OMI (f)COI

图1-21 部分油基电成像成仪器

为了解决在油基钻井液环境中对低阻地层成像的难题，引入了一种新的仪器及测量方法，该方法利用测量阻抗实部表征地层电阻率变化，利用阻抗虚部表征成像质量，并进行漏电流补偿和多频校正处理实现低阻地层电阻率的定量测量。与此同时，有文献报道了另外一种全新的仪器结构及测量方法，利用双频测量、油基钻井液补偿处理及反演算法实现了 $0.2 \sim 20000\Omega \cdot m$ 地层电阻率的定量测量，经过大量测井实例验证，取得了与水基钻井液环境中电成像可媲美的效果。国内近几年油基钻井液电成像技术是测井行业研究热点之一，有文献报道了仪器研发、应用及数值模拟方面的工作。但是，关于油基钻井液电成像测井反演及定量解释的研究有待开展。表1-10展示了通过文献收集到的部分油基钻井液电成像测井仪器结构和探测指标数据。

24

表 1-10　部分油基钻井液电成像测井仪器参数和性能指标

技术指标	OBMI	FMI-HD	Earth Imager	OMRI	OMI	COI
极板数	4	8	6	6	6	10(下)/8(上)
纽扣电极数量/极板	5	24	8	6	8/10(刀刃数量)	10
电极尺寸及间距	0.4in×0.4in		间距0.31in(8.5mm)		0.267in(0.15in刀刃长度)	
井眼覆盖率	32%(8in井眼)	80%(8in井眼)	64.9%(8in井眼)	57%(8in井眼)		83%(6in井眼)
测井采样率	0.2in		0.1in(120采样点/英尺)		0.1in	
分辨率	1.2in(垂向或径向)	0.2in×0.2in	0.12in(垂向)	1.2in(垂向)	0.2in(垂向)	0.4in×0.2in(垂向×轴向)
探测深度	3.5in(侵入);0.5in(小目标体);0.2in(倾斜)		0.8in	3.75in		0.5in
泥饼敏感性	0.5in(10Ω·m);0.25in(<1Ω·m)					
电阻率测量范围	0.2~10000Ω·m		0.2~10000Ω·m	0.2~20000Ω·m	0.2~10000Ω·m	0.2~10000Ω·m
Rxo测量精度	20%(1~10000Ω·m)		1.5%(1~2000Ω·m)	±0.3Ω·m(0.2~1.5Ω·m)±20%(1.5~1000Ω·m)不确定(1000~20000Ω·m)		
最大耐温	320°F(160℃)	350°F(175℃)	350°F(175℃)	350°F(175℃)	350°F(175℃)	302°F(160℃)
最大耐压	20000Psi	20000Psi	20000Psi	20000Psi	20000Psi	15000Psi(103MPa)
最大测井速度	3600ft/h	1800ft/h	600ft/h	15~30ft/min	1800ft/h	2000ft/h
井眼尺寸	7~16in	5.875~21in	6~21in	6.5~24in	6~15in	4.6~13in
仪器直径		5in(最大)		5.5in(140mm)	5.25in	2.25~4.1in
仪器长度		23.4ft		27.54ft(8.39m)	19.30ft	18.63ft(5.68m)
仪器重量		445lbs		760pounds(344.7kg)	400lbs	141lb(64kg)
钻井液类型	油基	水基、特定条件的油基	油基	油基	油基	油基

注:1in=25.4mm,1psi=6.8947kPa,1ft/h=0.3048m/h。

1.4 电成像测井基本原理和资料处理

1.4.1 地层微电阻率扫描仪

地层微电阻率扫描仪 FMS 的外形与四臂（或六臂）高分辨率地层倾角仪（SHDT）相似，如图 1-22 所示。仪器主要由电缆遥测系统、极板型阵列式微电阻率传感探测器、液压推靠动力系统、测斜系统和电子线路等五部分组成。测斜系统由三维加速度计和磁力计组成，电子线路主要包括存储器、放大电路、多路扫描等单元。考虑仪器长度，中间皆有挠曲短节。聚焦式微电阻率测量要求遥测短节和极板探测器之间用绝缘短节和绝缘套筒分隔开。仪器全长为 9.45m（31ft）、重量为 243kg（537lb）、最大张开直径 0.533m（21in）、闭合直径 0.127m（5in）、最佳极板曲率 0.216m（8.5in）。四个极板均匀分布在仪器主体周围，相邻两个极

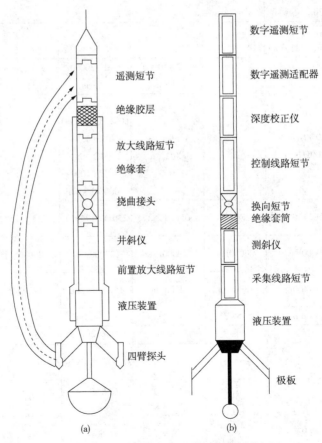

图 1-22　FMS（a）仪器和 FMI（b）仪器示意图

板之间夹角90°，依次编号为1#、2#、3#、4#极板。其中1#和2#极板与SHDT仪器极板相同，即在每个极板上有两个测量电极和一个速度电极，而3#和4#极板上除保留SHDT仪极板上的两个测量电极，在极板上方还固定了宽7.112cm、长9cm、厚约1cm的铜板，在铜板上镶嵌有与铜板绝缘的27个纽扣电极阵列，横向分4排，第一排6个电极，其他3排是7个电极。这两块极板就是地层微电阻率扫描仪的探测器。纽扣电极直径为0.51cm(0.2in)，相邻两排电极的中心间距为1.02cm(0.4in)，相邻两排中对应电极(如第一排和第二排的左起第一个电极)中心的横向距离为0.254cm(0.1in)。这种横向错位排列可保证电极之间有50%的重叠，数据采样间隔为0.254cm(0.1in)。极板是根据0.216m(8.5in)井眼设计的，所以在0.216m(8.5in)井眼中测得的井壁影像对井壁的覆盖率可达到20%。

测井时，借助于液压推靠器使极板紧贴井壁进行测量，极板供电部分(EMEX)在通行脉冲(GOP)的控制下，每帧产生一个周期为$20\mu s(f=5kHz)$的正弦信号。供电部分一端接至下部外壳和极板上，同时通过测量变压器的初级接到纽扣电极(简称电扣)上；另一端接至仪器上部外壳(此处作回路电极用)上，参照图1-22所示，从纽扣电极流出的电流I_B正比于流经地层的电导率，而从下仪下部外壳和极板流出的电流I_A正比于其所流经的介质电导率。I_A迫使I_B聚焦成束状进入井壁地层，形成图1-22(a)所示的电流分布(每个纽扣都是一样)。测量过程中各参数间的关系可用下列方程组表达：

$$
\begin{aligned}
I_{emex} &= I_A + I_B \\
I_A &= V_A \sigma_A \\
I_B &= V_A \sigma_b \\
V_A &\approx V_B = V_{emex}
\end{aligned}
\tag{1-11}
$$

式中，V_{emex}为极板电压；I_{emex}为供电电流；I_A为从下部外壳及极板流出的电流；I_B为由纽扣电极流出的电流；σ_B为在采集某纽扣电流I_B时，该纽扣电极接触的井壁岩层的电导；σ_A为I_A流经的介质电导。

由式(1-11)可得：

$$\sigma_B = I_B/V_B = I_B/V_{emex} \tag{1-12}$$

这样，在测量时，依次采集每个纽扣电极流出的电流I_B和测量供电电流I_{emex}、极板电压V_{emex}。根据式(1-12)就可得到纽扣电极所对部分地层的电导值σ_B。当已知转换系数k时，可求出纽扣电极所对应井壁岩层的电阻率值，即：

$$R_B = k\frac{V_{emex}}{I_B} \tag{1-13}$$

这样，当沿井身依次测量各纽扣电极流出的电流I_B的变化曲线，经曲线的横向比例刻度就得到了一组岩层电阻率R_B随井深的变化曲线。

地层微电阻率扫描测井能获得70多种数据，64条曲线。这些数据全部以数字形式采集，经电缆传输送至地面的 CSU 装置中，经检测记录到磁带上。其中有两组(27 条×2 条)电阻率曲线是用于处理成"井壁影像"的主要资料。即把测量的反映岩层电阻率细微变化的电流强度值，经过校正处理转换成不同辉度的"像元"，"像元"的集合就形成了井壁影像图，它可以反映井壁的岩性变化和地质情况。在进行成像解释前，还必须进行资料处理工作。

1.4.2　全井眼微电阻率成像仪器

为了提高井眼覆盖率并获得更高的分辨率，发展了全井眼微电阻率成像仪器 FMI，如图 1-22(b)所示。该仪器主要包括数字遥测短节、数字遥测适配器、深度校正仪、控制线路短节、换向短节、测斜仪、采集线路短节、液压系统和极板系统等，其整体形状与地层微电阻率扫描仪器 FMS 非常相似。为了传输大量测井数据，FMI 采用了 MAXIS500 地面单元的数学遥测系统 DTS。

为了提高井眼覆盖率，FMI 采用折页式的极板结构[图 1-20(a)]，四个支撑臂上分别有一块主极板，在其下方还有一块折页极板，每块极板上都安装有 24 个纽扣电极，分两排横向错位排列，如图 1-23 所示。纽扣电极直径为 4.08mm，被直径为 6.2mm 的绝缘材料分隔开，纽扣电极的中心距为 5.08mm，两排纽扣电极的纵向距离为 7.62mm，主极板和折页极板上的纽扣电极距离为 44.78mm。其工作原理与 FMS 的类似，在导电钻井液中，所测出的井壁图像几乎不受井眼环境的影响，能够真实地反映出井壁特征。

FMI 具有 3 种测井模式：

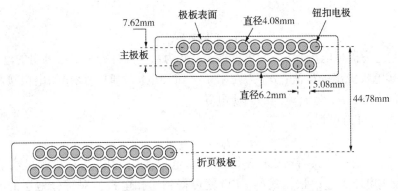

图 1-23　全井眼微电阻率成像仪器 FMI 纽扣电极分布

（1）全井眼成像：利用 8 个极板的 192 个电极采集信息，经过处理得到井壁图像。在 8in 井眼中，井眼覆盖率达到 80%，在更小的 6.25in 井眼中，井眼覆盖率可达 93%，在 12.5in 大井眼中的覆盖率也可达 50%。

（2）四极板成像：采用个主极板上的 96 个电极采集信息，井眼覆盖率为全井眼成像模式的一半。该模式的测量速度比全井眼模式测量速度高一倍，降低了测井成本，但对井壁细节描述情况较一般。

（3）倾角测井：与地层倾角测井仪类似，只用 8 个电极采集信息，主要反映地层倾斜特征。

FMI 测井资料经过标准化处理可以反映出井壁点电阻率的变化。将数据范围划分为 42 个等级，当地层电阻率较高时，在图像上显示浅色；当地层电阻率较低时，在图像上显示暗色。需要注意的是，在图像中显示相同的颜色和形态，对应的地层性质可能不同。例如，在图像中，晶洞和黏土颗粒都可能会显示黑色圆斑。因此，需要借助其他资料对 FMI 图像做出更准确的解释。FMI 比 FMS 可以做出更细致的地质解释，如划分孔隙类型，细分构造特征，确定断层、褶皱、层理和裂缝等地质现象，识别沉积特征，分别自然裂缝和次生裂缝等。

1.4.3 电成像测井资料处理简介

受井下测量过程的影响，电成像测井图像可能会出现失真的情况，因此，首先对电成像测井数据进行预处理；第二，将数据生成图像并显示；第三，根据生成的图像对地层进行解释。

1. 电成像资料预处理

电成像测井仪器在井下测量过程中，受种种原因影响导致图像中呈现出非地质特征的"假象"。造成这种"假象"的原因可归结为三类，即仪器测量及数据采集问题、井况问题和测量仪器衍生无地质意义的错觉。仪器在井中偶然遇到问题或仪器自身缺陷导致仪器测量及数据采集问题，该影响因素可细分为仪器非均匀运动（遇卡、黏滞）、纽扣电极失效、钻井液混杂碎屑影响、钻井液类型影响和地层条件超出仪器动态测量范围等。井况问题主要包括不规则井眼或井壁垮塌、高斜度井极板压力问题、泥饼影响、仪器痕迹影响、和电缆线或钻杆痕迹等。在某些特殊情况下，测量数据发生异常，图像中的特征在井壁上并不存在，形成无地质意义的错觉，主要包括电阻率高对比区域的光晕现象和裂缝光晕效应等。

电成像测井数据预处理包括速度校正、电扣深度校正、剔除坏电极、电压校正、图像均衡化处理、电阻率刻度等。在实际测井时，往往测井速度不能保持绝对均匀，但纽扣电极采集电流的时间是决定于提升仪器的瞬时速度。为此，可根据加速度计测量的数据经过卡尔曼滤波等方法得出仪器瞬时速度进行校正，从而消除井下仪器移动速度非均匀而引起的曲线上锯齿状变化。受各个极板供电电压的差异和纽扣电极表面钻井液、油膜或其他污染物等随机因素的影响，某个极板出现黑色条带或者极板内出现竖条纹假象，需要利用地质统计等方法对极板内和极板之间进行均衡化校正。当纽扣电极失效或钻井液碎屑影响纽扣电极测量时，将在图像上出现白色竖条纹，需要将该位置的数据剔除，并利用相邻纽扣电极的数据进行插值处理完成校正。电阻率刻度是将现场采集的原始记录数据，利用电极系数、电压增益刻度常数等转换为纽扣电极的电阻率或电导率。当地层电阻率变化范围较大，需要实时改变各极板的供电电压来尽量提高采集信号幅度，记录局部地层电阻率的细微变化，因此采集信号中相同的电流值可能对应不同的电阻率，因此需要在全井段中进行电压校正。电成像测井仪器的极板上设置有两排或多排电极，不同排电极之间在纵向上存在高度差，同时不同极板上的电极之间也存在一定的高度差(如FMI)，因此需要将不同排、不同极板上的纽扣电极测量数据校正到统一深度。

2. 生成图像

将经过校正后的电成像测井数据，通过色度标定得到极板的色标数据，然后经过映射色谱得到极板的颜色矩阵数据，并按方位排列得到成像图像，并对图像进行增强、滤波、细化等处理，将井壁地层的细节更好地从图像中显示出来。

成像图像的色度标定主要包括静态标定、动态标定和浅侧向测井标定法(水基钻井液)。静态标定时利用全局刻度方法反映整段井壁地层电阻率变化，实现整个井段内的岩性识别和地层对比，但图像清晰度较低，不能突出地层局部细节。动态标定是利用滑动窗口内的静态标定处理实现整个井段的色度标定，动态标定图像使得图像不具有整体变化特征，但可以突出地层的局部细节，便于裂缝、孔洞、断层等地质特征的识别。浅侧向测井标定是借助浅侧向测井或球型聚焦测井，将纽扣电极测量数据刻度成地层电阻率，刻度后的图像可以用于裂缝孔隙度预测和薄层分析等。另外，动态标定中，窗长与窗长之间的衔接区域容易出现台阶现象，需要利用图像交融技术实现动态台阶处理。

图像增强处理主要采用直方图均衡化增强、直方图规定化增强等方法来解决图像数据最值变化较大而出现明显的亮带或暗带的问题，使得数据分布更合理，凸显出图像中有意义的地质特征。仪器在井下的测量过程中，会受到多种因素的干扰，增加噪声信号，使得图像中出现畸变值，需要利用均值滤波或中值滤波方法来消除图像中的异常值。最后，通过图像细化处理可以将裂缝、孔洞等特征提取出来，有益于储层参数评价。

3. 成像解释评价

通过前面介绍的资料预处理和生成图像方法，得到了直观的高分辨率电成像测井图像，在借助于岩心刻度和常规测井资料约束，可以将电成像测井图像与地质特征一一对应起来，广泛应用到地质解释中，主要涉及裂缝和孔洞描述和评价、沉积相分析、储层构造分析等方面。随着电成像测井技术发展，电成像测井在裂缝解释评价方面应用最多，随后在沉积相、薄储层、砂泥岩、储层非均质等方面的应用也日渐成熟。目前，在油基钻井液井中实现上述解释评价的研究正在发展中，例如，如何利用油基钻井液中的电成像测井资料识别裂缝、判断裂缝的闭合状态，储层构造分析，沉积相分析，以及与水基钻井液中电成像测井资料的对比综合应用等，相信随着电成像测井方法和技术的不断发展，这些问题将逐一被解决并在储层解释评价过程中体现出很好的应用价值。

30

参 考 文 献

[1] 张庚骥. 电法测井[M]. 北京：石油工业出版社，1984.

[2] Gianzero S C, Palaith D E, Chan D S K. Method and apparatus using pad carrying electrodes for electrically investigating a borehole：US4468623[P]. 1984-8-28.

[3] Ekstrom M P, Chan D S K. Method and apparatus for producing an image log of a wall of a borehole penetrating an earth formation：US 4567759 A[P]. 1986-2-4.

[4] 肖立志，张元中，吴文圣，等. 成像测井学基础[M]. 北京：石油工业出版社，2010.

[5] Ellis D V, Singer J M. Well Logging for Earth Scientists [M]. Springer, AA Dordrecht, The Netherlands.

[6] 张建华，刘振华，仵杰. 电法测井原理与应用[M]. 西安：西北大学出版社，2002.

[7] Laronga R, Lozada G T, Perez F M, et al. A High-definition approach to formation imaging in wells drilled with nonconductive muds[C]. // SPWLA 52nd Annual Logging Symposium, May 14-18, 2011.

[8] 赖富强. 电成像测井处理及解释方法研究[D]. 北京：中国石油大学，2011.

[9] 龙安厚. 钻井液技术基础与应用[M]. 哈尔滨：哈尔滨工业大学出版社，2014.

[10] Patil P A, Gorek M, Folberth M, et al. Experimental study of electrical properties of oil-based mud in the frequency range from 1 to 100 MHz[J]. Spe Drilling & Completion, 2010, 25(3)：380-390.

[11] Yang J Z. Electrically conductive oil-based fluid：US9637674 B2[P]. 2017-5-2.

[12] Thaemlitz C J. Electrically conductive oil-based mud：US 7112557 B2[P]. 2006-9-26.

[13] Sawdon C, Tehrani M, Craddock P, et al. Electrically conducive non-aqueous wellbore fluids：US6770603 B1[P]. 2004-8-3.

[14] Thaemlitz C J. Electrically conductive oil-based mud：US6691805 B2[P]. 2004-2-17.

[15] Zanten R V. Electrically conductive oil based drilling fluid：US8763695 B2[P]. 2014-7-1.

[16] Laastad H, Haukefaer E, Young S, et al. Water-Based Formation Imaging and Resistivity Logging in Oil-Based Drilling Fluids Today′s Reality[C]// SPE Annual Technical Conference and Exhibition held in Dallas, Texas, 1-4 October 2000.

[17] 曲斌，戴跃进，王占国. 储层环境岩石电阻率变化规律研究[J]. 大庆石油地质与开发，2001，20(3)：28-30.

[18] Clark B, Lüling M G. A dual depth resistivity measurement for FEWD [C]. SPWLA 29th Annual Logging Symposium, Austin, Texas, United States, June 5-8, 1988.

[19] Wu P T, Lovell J R, Clark B C, et al. Dielectric-independent 2-MHz propagation resistivities [C]. SPE Annual Technical Conference and Exhibition held in Houston, Texas, 3-6 October, 1999.

[20] Anderson B I, Barber T D, Lüling M G, et al. Observations of large dielectric effects on lwd propagation-resistivity logs [C]. SPWLA 48th Annual Logging Symposium, Austin, Texas, United States, June 3-6, 2007.

[21] Seleznev N, Habashy T, Boyd A, et al. Formation properties derived from a multi-frequency dielectric measurement. SPWLA 47th Annual Logging Symposium, 4-7 June, 2006, Veracruz, Mexico.

第2章　四端点电成像测井

正如前章所述，与水基钻井液相比，油基钻井液具有良好的润滑性、耐高温、保持井壁稳定和提高钻井效率等优点，更加适合在深水储层、高温高压环境、大斜井和水平井、水敏地层等复杂条件下使用。20世纪80年代以来，电成像测井仪器，如FMS、EMI等在储层精细评价、地质应用等过程中具有重要作用。但是这些电成像仪器的设计是基于低频近似直流电理论，受油基钻井液高阻特性影响，所以这些适用水基钻井液的仪器在油基钻井液中的使用有限。

20世纪末，斯伦贝谢公司将油基钻井液电成像测井技术作为重点研发项目，经过几年技术攻关，于2001年率先推出了世界上第一支适用于油基钻井液的电成像测井仪器OBMI(Oil-based Mud Imager，以下简称OBMI)。随后，哈里伯顿公司也推出了类似的仪器ORMI，在国内，长城钻探公司经过技术攻关，推出了OBIT。这些仪器都是基于四端点测量法，本章主要围绕OBMI仪器，重点介绍基于四端点测量法的电成像测井原理、方法和应用等方面的内容。

2.1　四端点电成像测井原理

2.1.1　基本理论

四端点电成像测井技术采用低频交流测量，形成的电位场 U 满足拉普拉斯方程，即：

$$\nabla^2 U = 0 \tag{2-1}$$

电流密度 $\vec{J}$ 与电场 $\vec{E}$ 满足本构方程为：

$$\vec{J} = \sigma \vec{E} \tag{2-2}$$

式中，σ 为电导率，与电阻率 ρ 互为倒数。

在两层介质的层界面满足连续性方程：

$$\vec{n} \cdot (\vec{J_2} - \vec{J_1}) = 0 \tag{2-3}$$

式中，$\vec{n}$ 为层界面的法向矢量。

如图2-1所示，四层介质左侧与一个电流源相邻，一个电流源给上下两端点 C、D 供电，C、D 与两层介质接触，中间夹着两层介质，这四层介质的电阻率分别为 R_1、R_2、R_3、R_4。当电流从端点 C 流入端点 D 时，电流方向基本与层界面垂直，在各个介质中的电流垂直分量 $J_{in}(i=1，2，3，4)$ 满足条件：

$$J_{1n}=J_{2n}=J_{3n}=J_{4n} \qquad (2-4)$$

假设，C、D 两点之间存在多层介质，在两个端点之间的任意两点 A、B 之间的电位差 ΔU_{AB} 可表示为

$$\Delta U_{AB} = \sum_i^n l_i J_{in} R_i \qquad (2-5)$$

式中，n 表示 A、B 两点之间的层数；l_i 表示第 i 层的厚度；R_i 表示第 i 层的电阻率。

式(2-5)的微分形式为：

$$dU = J_n R(l) \, dl \qquad (2-6)$$

从式(2-6)可以得出，任意两点 A、B 的电位差与 A、B 之间的距离，A、B 两点之间的介质的电阻率分布以及发射电流有关，这是四端点测量法的理论基础。

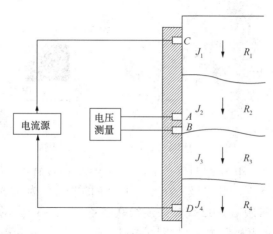

图 2-1　四端点测量法基本原理图

2.1.2　OBMI 极板结构及工作原理

如图 2-2 所示，在充满油基钻井液的井内放置 OBMI 极板，在井壁上附着有薄薄的泥饼层。极板上端电流电极 T 发射交流信号穿透泥饼层进入地层，然后再穿透泥饼层回流到下端返回电极 B。在两个供电电极之间上下排列着五对很小的纽扣电位测量电极，如图 2-2 右图所示。测量每对纽扣电极之间的电位差 ΔU。根据所测量的 ΔU 和已知的发射电流 I，并结合几何因子 K，计算出视电阻率 R_a 为：

$$R_a = K \frac{\Delta U}{I} \qquad (2-7)$$

式(2-7)中，仪器因子 K 大小受仪器结构参数的影响，可以通过数值模拟和

实验测量得到。在非导电的油基钻井液中，即使一层很薄的高阻油膜和泥饼层，也会造成供电电极处产生几百伏的电位差，但是在测量纽扣电极处则降为毫伏级，这是测量电位差的困难所在，需要在极板内采用专门相关的电子线路采集到这一微小信号。另外，根据式(2-6)可以得出，为了提高测量电位差幅度，可以增加纽扣电极对之间的距离，但是这也降低了纽扣电极的分辨率。

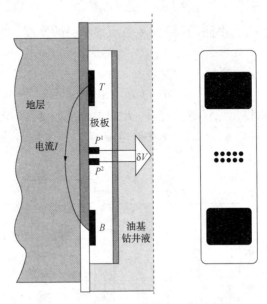

图 2-2　OBMI 极板结构及工作示意图

表 2-1 给出了 OBMI 仪器的技术指标。OBMI 仪器含有正交排列的 4 个极板，每个极板上安装有 5 对纽扣电极，在 8in 井筒中的覆盖率为 32%。为了提高分辨率，后期研发的改进版 OBMI2 仪器采用级联装置(图 2-3)，在仪器上下各安装 4 个极板，每一个极板相隔 45°，如图 2-3(b)所示，在 8in 井筒中的覆盖率达到了 64%。

表 2-1　OBMI 仪器技术指标

技术指标	参数
极板数	4
纽扣电极数量/极板	5
电极尺寸及间距	0.4in×0.4in
井眼覆盖率	32%(8in 井眼)
测井采样率	0.2in
分辨率	1.2in(垂向或径向)
探测深度	3.5in(侵入)；0.5in(小目标体)；0.2in(倾斜)

技术指标	参数
standoff 敏感性	$0.5\text{in}(10\Omega \cdot \text{m})$；$0.25\text{in}(<1\Omega \cdot \text{m})$
电阻率测量范围	$0.2 \sim \geqslant 10000\Omega \cdot \text{m}$
R_{xo} 测量精度	$20\%(1 \sim 10000\Omega \cdot \text{m})$
最大耐温	$320°\text{F}(160℃)$
最大耐压	$20000\text{Psi}(137\text{MPa})$
最大测井速度	3600ft/h
井眼尺寸	$7 \sim 16\text{in}$

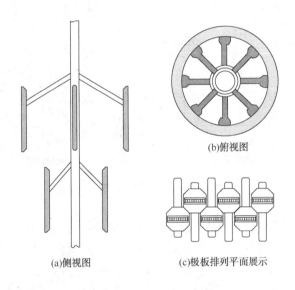

图 2-3　级联装置示意图

2.1.3　OBMI 探测性能

1. 分辨率

相邻两个纽扣电极之间会存在信号干扰，为了保证测量信号的信噪比，OBMI 的纽扣电极排列较之前的水基钻井液电成像仪器的纽扣电极阵列都要稀疏，OBMI 的纵向分辨率和横向分辨率都为 1.2in(3cm)，这决定了 OBMI 可测量的最薄岩层厚度为 1.2in，OBMI 可以对厚度小于 1.2in 的薄层产生响应，但不能精确反映岩层的厚度。

如图 2-4 所示，一个厚度为 1.2in 的薄层被夹在两个围岩之间，当薄层电阻率与围岩电阻率比值为 3∶1 或 1∶3 时，OBMI 可以定量反映出薄层电阻率。当围岩和薄层电阻率比值达到 10∶1 以上时，响应出现畸变，从而影响到薄层电阻率的测量。由于供电电极之间的间距是10in，在距离薄层10in处开始出现畸变。对于低阻薄层，响应畸变程度要比高阻薄层中的畸变程度要小。虽然，这种畸变影响到薄层厚度的最终确定，带来分析误差，但是OBMI仪器仍然是一种当时能够准确确定非导电钻井液环境中砂层总有效厚度的电缆测井装置。经过分析还可以得出，OBMI仪器的测量结果会受到围岩影响而产生图像畸变，这与常规侧向测井和水基钻井液中的电成像测井仪器相似，畸变的严重程度取决于薄层厚度以及薄层与围岩电阻率的差异。

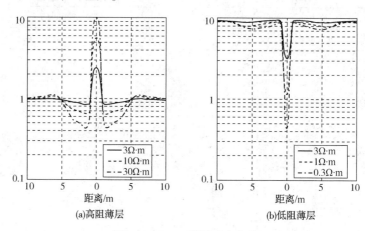

图2-4　OBMI薄层响应曲线

2. 探测深度

利用三种方法来定义OBMI的探测深度。第一种方法是利用传统侵入模型来定义探测深度，即随着侵入半径的增加，OBMI的测量值为侵入带电阻率和真实地层电阻率的平均值时对应的侵入半径即为探测深度，此时OBMI的探测深度为3.5in。第二种方法是在侵入带中放入一个立方形物体，立方体的尺寸与仪器的分辨率相同，增加立方体与井壁之间的距离，当OBMI的测量值为立方体电阻率和侵入带电阻率的平均值时对应的距离即定义为OBMI的探测深度，该方法定义的OBMI探测深度为0.5in，该定义方法，有利用分析井壁附近存在的小异常体对OBMI响应的影响。第三种方法是在倾角计算中用到的"电直径"定义方法，"电直径"大小取决于地层与倾斜层电阻率的对比度以及倾角大小相关，OBMI的平均"电直径"为0.2in。

图2-5给出了OBMI测量电位差随侵入半径变化的数值模拟曲线。其中，左图中侵入带电阻率 $R_{xo} = 5\Omega \cdot m$，目的层电阻率 $R_t = 10$，20，$50\Omega \cdot m$，低侵；右图中 $R_t = 5\Omega \cdot m$，$R_{xo} = 10$，20，$50\Omega \cdot m$，高侵。在低侵条件下，电位差随侵入半径的增加逐渐减小，R_{xo} 与 R_t 差别越大，电位差下降幅度越大，侵入半径继续增加，电位差下降趋势趋于平缓，此时测量值主要反映侵入带电阻率大小。在高侵条件下，电位差随着侵入半径的增加而逐渐增大，R_{xo} 与 R_t 差别越大，电位差

增加幅度越大，侵入半径继续增加，电位差增加趋势趋于平缓，此时测量值主要反映侵入带电阻率大小。通过以上分析可以得出，OBMI 的测量电位差大小与钻井液侵入程度、侵入带和目的层电阻率大小相关。由于油基钻井液电阻率很高，因此高侵情况更加普遍。

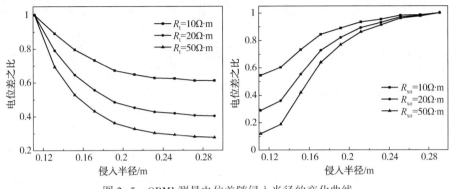

图 2-5　OBMI 测量电位差随侵入半径的变化曲线

3. standoff 敏感性

利用实验室测量和现场测试确定出 OBMI 对极板间隙 standoff 变化的敏感性，如图 2-6 所示。OBMI 的最佳工作区为较高地层电阻率和较的极板间距。当地层电阻率较小时，在高阻油基钻井液环境中，测量信号的信噪比降低，对 standoff 的敏感性增加，将测量速度降低到 1800ft/h 或 900ft/h 可以降低噪声，提高测量准确度。在低阻地层中，当极板间隙较大时，受高阻油基钻井液的影响，进入地层中的信号非常微小，此时降低测井速度也无济于事。实验和现场测试表明，在高阻钻井液中，当地层电阻率等于 $10\Omega \cdot m$ 时，极板间隙达到 0.5in，成像质量开始下降。当地层电阻率小于 $1\Omega \cdot m$ 时，极板间隙约为 0.25in 时，就可能出现成像质量降低的情况。在不规则井眼情况中，或极板与地层接触不紧密造成极板间隙过大，则将造成异常测量值，在成像结果时显示白色高阻区域，需要借助检测软件将异常区域检测出来并在测井质量数据中以图像形式显示出来，如图 2-7 所示。

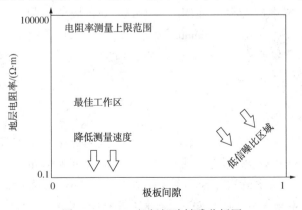

图 2-6　OBMI 极板间隙敏感分析图

图 2-7 中，利用 OBMI 成像质量控制（LQC）来指示测井数据异常的井段。从左至右：第一道为深度道，加速度计量曲线能够指示仪器遇卡情况，第二道中，利用井径曲线可以指出井眼不规则程度，根据极板压力曲线降低极板压力，从而降低仪器遇卡程度，或增加极板压力来提高极板与地层之间的接触程度；在第三道中，极板阻抗能够指示极板间隙的大小；在第四道中显示出成像质量的好坏，绿色显示极板间隙适中，成像质量良好，黄色表明极板间隙较大，测量信号微弱，红色表示极板间隙过大或者极板发生偏移，成像质量差；第五道显示出极板中某一纽扣电极所测的电阻率；第六道给出了 OBMI 的最后成像结果。可以看出，在 OBMI 成像中存在白色异常区域，这些白色区域与成像控制中的红色或黄色区域一一对应。

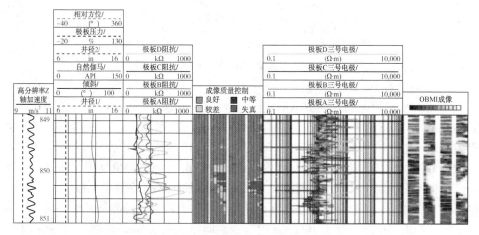

图 2-7 OBMI 成像质量控制实例

2.2 四端点电成像极板结构设计

四端点电成像测井仪器，如 OBMI、ORMI 等在极板结构设计过程中，需要综合考虑探测深度、分辨率、standoff 敏感性、信号干扰等因素，最终确定极板的结构参数。本节主要总结了在极板结构设计过程中需要注意的事项。

2.2.1 极板长度

极板长度主要影响仪器的探测深度，总体上，极板越长，发射电流在地层中的路径越长，探测深度越远；极板越短，发射电流在地层中的路径长度越小，探测深度减小，OBMI 仪器极板上，两端电极之间的距离为 10in。图 2-8 给出了极板长度与测量视电阻率的数值模拟结果。图中对应的模型为：目的层电阻率为 $10\Omega \cdot m$，侵入带电阻率为 $100\Omega \cdot m$，侵入边界与井壁的距离分别为 0.02m、

0.05m、0.10m。从图中可以看出，测量电阻率随极板长度增加而减小。这是因为，极板长度增加，电流流经地层的路径变大，在目的层中的电流增加，测量结果更容易反映目的层电阻率的大小，从而导致测量电阻率随极板长度增加而减小。

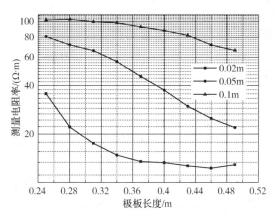

图2-8　仪器测量电阻率随极板长度的变化曲线

图2-9给出了极板面轴向方向上的电位分布，图例为不同极板长度。以极板中心点为坐标零点，向两端延伸，电位逐渐增大(发射电极方向)或逐渐减小(返回电极方向)，在电流电极位置处电位出现极大值和极小值，并且对称分布。极板长度增加，纽扣电极电位差减小，这不利于信号的测量，尤其是在仪器移动和复杂井况条件下。

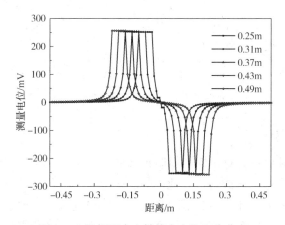

图2-9　极板面中心轴线方向上电位分布

2.2.2　纽扣电极阵列

如图2-2所示，极板中心位置的纽扣电极纵向和横向的间隔，分别控制着仪器的纵向和横向分辨能力。OBMI仪器的纵向和横向的分辨率都为1.2in(3cm)，与传统的水基钻井液中的电成像仪器分辨率(0.2in)差别较大。相邻纽扣电极之间存在绝缘介质，OBMI仪器在较高频率激励下，纽扣电极距离减小，将增加电容耦合效应对测量信号的干扰，信噪比降低。

为了提高仪器分辨率，对纽扣电极阵列进行升级改进，如图2-10所示。图2-10(a)显示的极板与OBMI仪器的极板结构一致。图2-10(b)中，在纽扣电极放置细条形电极，条形电极上下两排电极横向上相互错位，上排为4个纽扣电极，下排为5个纽扣电极，纽扣电极横向间距与图2-10(a)中的纽扣电极横向间距保持一致。纽扣电极采用上下相互交错放置方式，提高了极板的横向分辨能力。极板工作时，上下两排电极共用条形电极，分别测量各个纽扣电极与条形电极的电位差，进而计算电阻率。该装置采用交错放置的纽扣电极，提高了横向分辨率。进一步改进，如图2-10(c)所示，采用三排纽扣电极阵列，进一步提高了横向分辨率。横向放置的长方形条形电极对电流的流向产生影响，因此将条形电极进一步改进，如图2-10(d)所示，将条形电极拆分为三段小条形电极，中间隔有绝缘介质，从而减少横向电流的流动。

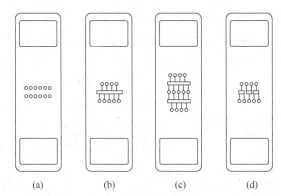

图2-10　改进纽扣电极阵列提高横向分辨率示意图

2.2.3　屏蔽装置

油基钻井液井中，井壁上附着电阻很高的泥饼层，直流或较低频率的电流很难穿透泥饼层进入地层，或者进入地层中的电流非常微弱，导致测量电位差难以测量。采用较高频率电流可以降低泥饼阻抗，使得电流进入地层。另一方面，在较高频率下，极板上的高电阻率绝缘部分充当电介质，电介质的电容耦合作用降低了电位差的测量准确性。因此，在极板背部放置金属板，如图2-11所示。极板工作时，背部极板电位处于悬浮状态，或者将背部极板接地，这样设置可以减弱极板电介质对测量信号的干扰。

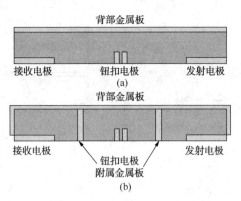

图 2-11　加装背部金属板的极板示意图

选用表 2-2 所示的材料，建立仿真模型：岩石尺寸为 1m×2m，泥饼厚度为 5mm，极板放置在模型中心，极板尺寸为 300mm（长）×12.5mm（厚），电流电极尺寸为 40mm×5mm，纽扣电极尺寸为 5mm×2.5mm，利用金属材质的支撑臂将极板与仪器主体相连接，忽略仪器主体和极板内部电子线路部分，极板采用的电流为 10kHz。

表 2-2　模型参数表

	电导率/（S/m）		相对介电常数
	实部	虚部	
钻井液（油水比为 90：10）	$1×10^{-6}$	$2.8×10^{-6}$	5
极板（PEEK）	0	$1.8×10^{-6}$	3.2
岩石	$1×10^{-4}～10$	$2×10^{-6}$	3～15
金属板和仪器主体	$1×10^{-6}$	0	—

图 2-12 分别给出了无背部金属板，金属板电位浮动，金属板接地 3 种条件下的实验结果。极板采用两种状态：极板与岩石保持平行[图 2-12（a）]；极板倾斜，与岩石间隔 2~5mm[图 2-12（b）]。从实验结果可以看出，极板背部无金属板时，地层电阻率小于 100Ω·m，测量电位差随着地层电阻率的增加而变化非常小，地层电阻率大于 100Ω·m 时，测量电位差变化幅度才逐渐增大。因此，无背部金属板的极板不反映测量低阻地层的电阻率变化。当采用电位浮动的金属板时，在极板与岩石保持平行的情况下，测量电位差随地层电阻率线性变化，而在极板倾斜时，测量结果与无背部金属板时的结果类似。当极板接地时，在极板与岩石平行或极板倾斜情况下，测量电位差与地层电阻率都保持一致的线性变化关系，从而提高了对地层电阻率变化的敏感性，尤其是提高了低阻地层的测量效果。

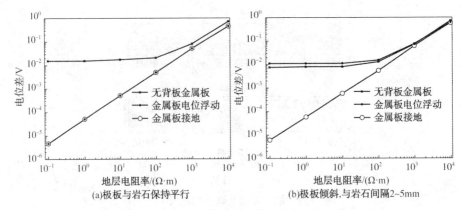

图 2-12　测量电位差随地层电阻率变化关系

另外，为了减少电流向极板内部和仪器上流动，在电流电极周围安装屏蔽电极，如图 2-13 所示，用绝缘体将屏蔽电极与电流电极分开，仪器工作时，屏蔽电极电位与对应的电流电极电位保持相等，从而使电流更多地在地层中流动，提高测量信号幅度和信噪比。

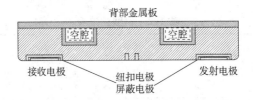

图 2-13　加装有屏蔽电极、背部金属板的极板示意图

2.3　四端点电成像测井的应用

OBMI 仪器具有较高的分辨率，能够提供较精细的构造分析，进行薄层、厚层等地层分析，还可以进行沉积环境描述。值得注意的是，OBMI 仪器获取充分揭示井壁上或近井壁微小构造特征的能力取决于成像目标的大小。例如，利用 OBMI 对结核沉积中结核尺寸进行精细估计，结核的直径必须大于 1.2in，而对于小于 1.2in 的特征变化，诸如层理、细微缝隙等，将很难进行精确描述，只具有在图像标识出来的可能性。

水基钻井液导电性好，在水基钻井液井中，张开裂缝被钻井液充填，在成像上显示为导电性的暗色。而由石英、长石等高阻矿物充填的闭合裂缝在图像上显示出高阻亮色。油基钻井液电阻率很高，即使是张开裂缝，受高阻钻井液充填，在图像上显示为高阻亮色，此时将难以区分张开裂缝和闭合裂缝。在油基钻井液井中，OBMI 仪器所成图像上显示暗颜色裂缝时，说明可能有黏土、黄铁矿等导电性矿物充填在裂缝中。在水基钻井液和高阻地层中，常规的微电阻率扫描成像仪器能够清晰地探测到低阻裂缝；相反，在油基钻井液和低阻地层中，OBMI 仪器可以清晰探测到钻井液、高阻矿物充填裂缝。

图 2-14 给出了 OBMI 在一口井中的裂缝成像实例。该井处于裂缝性碳酸盐岩储层中，井况恶劣，为了提高钻井效率，因此采用了油基钻井液。图中，第一道为井眼倾斜角度，自然伽马和井径 1、井径 2；第二道为 OBMI 静态成像；第三道为 OBMI 动态成像；第四道为倾斜解释结果。在动态图像中，显示了多条高阻裂缝，借助声波测井数据，将这些裂缝解释为方解石充填裂缝。另外，在上部井段中（XX770~XX780ft）还显示出一个正断层，而该断层在其他地震成像中没有显示出来。

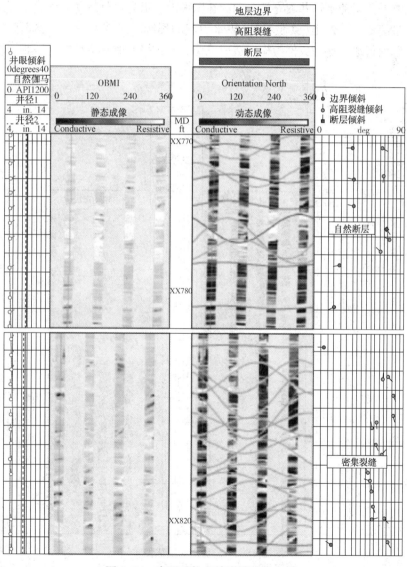

图 2-14　高阻矿物充填裂缝成像实例

OBMI 成像仪器向地层发射电流，整体上，电流流动方向基本与井眼平行，从理论上说，OBMI 仪器无法探测到取向平行于井眼的地层界面、裂缝等地质现象。另一方面，在图像上观察到的绝大部分裂缝的开度明显小于 OBMI 成像像素宽度。因此，利用 OBMI 仪器的成像数据定量分析裂缝开度还存在一定困难。

图 2-15 中给出了含有脱水裂缝的页岩中的 OBMI 成像实例。图中，第一道为自然伽马和井眼形状基本数据，第二道为阵列感应测井数据，第三道为 OBMI 静态图像，第四道为孔隙度数据，第五道为 OBMI 动态成像，第六道为地层和裂缝倾斜解释结果。油基钻井液或者合成钻井液使得页岩脱水而导致泥岩夹层破裂或分离，这里裂缝被高阻油基钻井液充填，因此在图像上显示为亮色裂缝。该脱水裂缝与应力诱导裂缝不同，黏土(蒙脱石等)脱水引起的裂缝一般密度较大，成集群形式出现，而且使得地层层理成像模糊，造成成像测井数据的地质解释较为困难。在这样

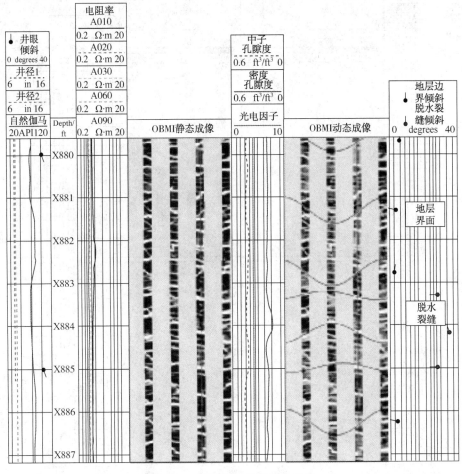

图 2-15　页岩脱水裂缝成像实例

44

的井段中，可以利用地层倾角测井替代 OBMI 仪器，可能会得到较好的解释结果。另外，在该井段上得到的岩心中观察到裂缝，这也与阵列感应测井曲线分离相一致，探测深度远的曲线 $A90$ 数值较小，探测深度近的 $A10$ 数值较大。

另外一个成像实例，如图 2-16 所示。图中是一口深水井中的 OBMI 测井结果，识别出基底冲蚀面(第五道，XX001 位置附近)，利用全井眼取心结果证实了 OBMI 测井的解释结果(图中箭头所指部分)。

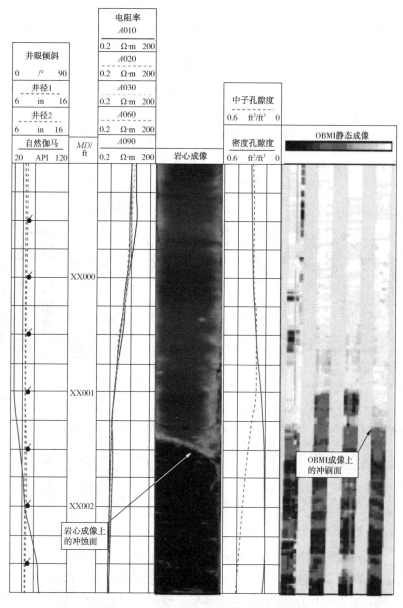

图 2-16　OBMI 成像资料显示冲蚀面实例

在深水储层中，钻井成本和开采成本都很高，为了降低作业时间，需要利用电缆流体采样工具进行采样(如模块式地层动态测试器 MDT)，从而确定储层流体性质，指导开发工具的选择和使用。在油基钻井液井中，采集样品容易受到钻井液污染，当污染程度超度 10% 时，则很难获得流体样品的关键信息。图 2-17给出了利用 OBMI 仪器测井图像指导 MDT 选择采样深度，以求最大限度减少钻井液滤液对样品的污染程度。OBMI 仪器的分辨率较高，能够识别出岩层界面特征和位置，确定界面是否突变。图 2-17 中，没有使用 OBMI 成像资料的情况下选择的 MDT 采样深度(下部菱形，X108.1ft 处)，在该位置采集的样品受到了相当严重的钻井液污染，污染程度达到 17.7%。根据 OBMI 成像资料确定的 MDT采样深度(上部菱形，X097ft 处)，在该位置采集的样品污染程度大幅度减小，污染程度为 4.4%。因此，借助 OBMI 成像资料可以在更短时间内辅助 MDT 采集到更多、更纯净的流体样品。另外，借助电阻率、孔隙度等测井信息，还可以确定低渗透率夹层，从而更快地抽取未受钻井液侵入影响的原状地层流体。

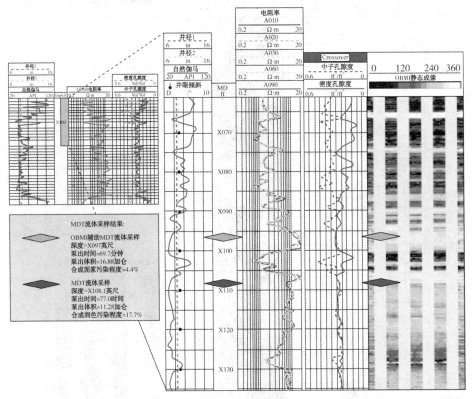

图 2-17 OBMI 成像辅助 MDT 降低样品污染程度实例

OBMI 仪器能够更好地确定薄层储层中砂层总有效厚度，从而可以更好地估计储量。图 2-18 给出了 OBMI 仪器在薄层中确定砂层有效厚度的应用实例。该井中, 还进行了全井眼取心成像(第5道), 与OBMI成像结果(第4道)吻合, 验证了OBMI仪器识别细节特征的能力。在XX84ft处, 在岩心和OBMI成像中都能观察到砂岩中的薄夹层, 厚度为0.5in(1.3cm)的薄层也被清晰识别出来。受限于OBMI的分辨能力, 错误地将薄页岩夹层解释为粉砂岩, 从而引入砂层厚度计算误差, 储层中薄层越多, 计算误差越大。该实例中, 利用井壁取心配合OBMI成像资料提高了净含有砂层厚度计算精度, 计算结果比常规测井分析得到的厚度增加了50ft(15m)。

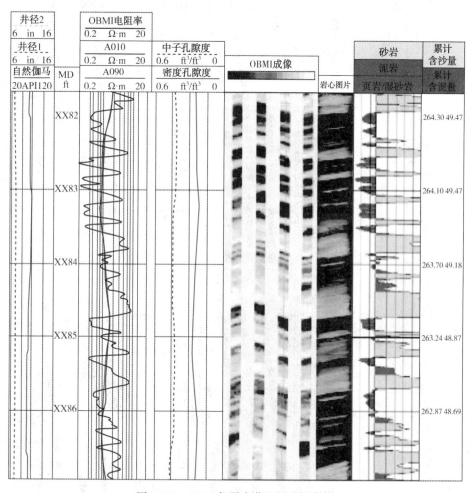

图2-18 OBMI仪器在薄地层应用实例

图2-19给出了一口井中OBMI与OBDT的地层倾角计算结果对比结果。在OBDT数据处理中, 每个极板只有一道数据; 在OBMI数据处理中, 每个极板采用三道数据。结果显示, OBMI所得到的地层倾角大小和方向与OBDT的结果差别很大, OBMI倾角数据信息是OBDT处理结果的10倍。经过两图像对比得出,

OBMI 图像清晰，地层倾角信息更加准确，有利更精确地进行地质构造解释。

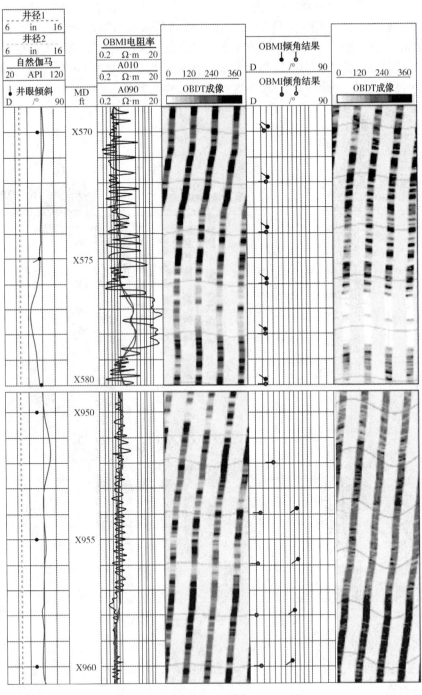

图 2-19　OBMI 与 OBDT 倾角计算对比

参 考 文 献

[1] Chen M Y. Methods and apparatus for imaging earth formation with a current source, a current drain, and a matrix of voltage electrodes therebetween: US6191588[P]. 2001-2-20.

[2] Cheung P, Dennis P, Sezginer A, et al. Method and apparatus for investigating the wall of a borehole: US 6919724 B2[P]. 2005-7-19.

[3] Cheung P, Hayman A, Pittman D. Conductive pad around electrodes for investigating the wall of a borehole in a geological formation: US6891377[P]. 2005-5-10.

[4] Hayman A, Cheung P. Method and a tool for electrically investigating a wall of a borehole in a geologic formation: US7119544[P]. 2006-10-10.

[5] Hayman A J, Cheung P. Formation imaging while drilling in non-conductive fluids: US7242194 [P]. 2007-7-10.

[6] Hayman A J. Shielded apparatus for reducing an electrical field generated by a pad during electrically exploring geological formations: US 7382136 B2[P]. 2008-6-3.

[7] Cheung R, Pittman D, Hayman A, et al. Field test results of a new oil-base mud formation imager tool[C].// SPWLA 42nd Annual Logging Symposium. Society of Petrophysicists and Well-Log Analysts, June 17-20, 2001.

[8] Cheung P, Hayman A, Laronga R, et al. A clear picture in Oil-base muds[J]. Oilfield Review, 2001, 13: 2-27.

[9] Silva I, Domingos F, Marinho P, et al. Advanced borehole image applications in turbidite reservoirs drilled with oil based mud a case study from deep offshore angola[C].// SPWLA 44th Annual Logging Symposium. Society of Petrophysicists and Well-Log Analysts, June 22-25, 2003.

[10] Sembiring P, Agustinus S R, Bashir N, et al. Oilbased mud micro imager (OBMI) application in Sangatta field: A Case Study[C]// SPE Asia Pacific Oil and Gas Conference and Exhibition, April 5-7, 2005.

[11] Martin L, Kainer G, Elliott J, et al. Oil-based mud imaging tool generates high quality borehole images in challenging formation and borehole condition, including thin beds, low resistive formations, and shales// SPWLA 49th Annual Logging Symposium. Society of Petrophysicists and Well-Log Analysts, May 25-28, 2008.

第3章　油基钻井液补偿电成像测井

前面章节中介绍了基于四端点测量法的油基钻井液电成像测井，该方法开创了电成像测井在高阻油基钻井液中应用的先河。但是该方法也存在一些缺点，比如在不规则井眼和粗糙井壁条件下的效果较差，对平行或近似平行于井眼的地质现象响应不灵敏，基于该方法的电成像测井仪器分辨率较低，井眼覆盖程度小。在四端点测量方法之后，研究人员继续开展了其他方法的研究，其主要目的是消除高阻钻井液和井壁附着的高阻泥饼对地层电阻率测量的影响，扩大地层电阻率测量范围。在这些方法中，有双频校正方法、泥饼刮出方法、改善油基钻井液导电能力等，本章将这三种方法进行归纳总结，统称为油基钻井液补偿电成像测井方法，并对其原理、应用等进行详细的叙述。

3.1　双频电成像测井

3.1.1　约束条件下的双频电成像测井

1. 工作原理

图 3-1 中显示了简化的油基钻井液电成像测井过程中电流流动的简化示意图。图中，电流从发射电极流出，穿过泥饼和地层两层介质，忽略了返回电极与地层之间的泥饼(返回电极面积一般远远大于发射电极面积)，电流最会回流到返回电极中。

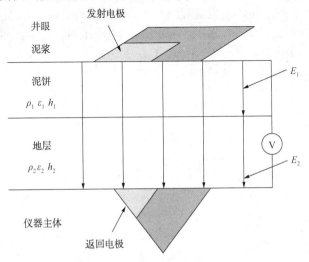

图 3-1　油基钻井液电成像简化示意图

图 3-1 中，将电流流经路径简化为长度 L、截面 S 随 L 变化的体模型，定义几何因子 K 为：

$$K = \int_L \frac{\mathrm{d}L}{S(L)} \tag{3-1}$$

泥饼层、地层的复电导率为：

$$\sigma_1^* = \sigma_1 + i\omega\varepsilon_1 \tag{3-2}$$

$$\sigma_2^* = \sigma_2 + i\omega\varepsilon_2 \tag{3-3}$$

式中，σ_1、σ_2 分别是钻井液、地层的电导率；ε_1、ε_2 分别是钻井液、地层的相对介电常数；ω 是角频率，且 $\omega = 2\pi f$。

假设泥饼层、地层中的电场强度分别为 E_1、E_2，则发射电流 I_b 可表示为：

$$I_b = \sigma_1^* E_1 S \tag{3-4}$$

在泥饼层与地层之间满足连续条件：

$$\sigma_1^* E_1 = \sigma_2^* E_2 \tag{3-5}$$

发射电极与返回电极之间的电位差 U 为：

$$U = E_1 h_1 + E_2 h_2 \tag{3-6}$$

式中，h_1、h_2 分别为电流在泥饼和地层中的流通长度。

根据式(3-4)~式(3-6)得出：

$$U = \frac{I_b}{S} \left(\frac{h_1}{\sigma_1^*} + \frac{h_2}{\sigma_2^*} \right) \tag{3-7}$$

因此，根据式(3-2)、式(3-3)，测量阻抗 $Z = U/I_b$ 可以表示为：

$$Z = \frac{1}{S} \left(\frac{h_1}{\sigma_1 + i\omega\varepsilon_1} + \frac{h_2}{\sigma_2 + i\omega\varepsilon_2} \right) \tag{3-8}$$

当采用较低频率时($\omega \to 0$)，测量阻抗主要与泥饼和地层的电导率有关。但是，油基钻井液电阻率一般相当大，为了提高测量阻抗中地层的相对贡献，需要提高频率，满足：

$$\omega\varepsilon_1 \gg \sigma_1 \tag{3-9}$$

另外，还需要满足测量阻抗主要反映地层电阻率信号，地层电容耦合作用的影响相对较小，因此需要满足条件：

$$\omega\varepsilon_2 \ll \sigma_2 \tag{3-10}$$

由式(3-9)、式(3-10)得出频率满足不等式

$$\frac{\sigma_1}{\varepsilon_1} \ll \omega \ll \frac{\sigma_2}{\varepsilon_2} \tag{3-11}$$

对于高阻油基钻井液和常见的地层，一般满足条件 $\sigma_1 \ll \sigma_2$。在该条件下，测量阻抗可写为：

$$Z \approx \frac{1}{S}\left[\frac{h_1}{i\omega\varepsilon_1}\left(1-\frac{\sigma_1}{i\omega\varepsilon_1}\right)+\frac{h_2}{\sigma_2}\left(1-\frac{i\omega\varepsilon_2}{\sigma_2}\right)\right]$$

$$=\frac{1}{S}\left[\left(\frac{h_2}{\sigma_2}+\frac{h_1\sigma_1}{(\omega\varepsilon_1)^2}\right)-i\left(\frac{h_1}{\omega\varepsilon_1}+\frac{h_2\omega\varepsilon_2}{\sigma_2^2}\right)\right] \qquad (3-12)$$

式(3-12)可进一步表示为：

$$Z=\Re(Z)+i\Im(Z) \qquad (3-13)$$

式中，阻抗实部 $\Re(Z)$、虚部 $\Im(Z)$ 分别表示为：

$$\Re(Z)=\frac{1}{S}\left(\frac{h_2}{\sigma_2}+\frac{\sigma_1 h_1}{(\omega\varepsilon_1)^2}\right) \qquad (3-14)$$

$$\Im(Z)=-\frac{1}{S}\left(\frac{h_1}{\omega\sigma_1}+\frac{h_2\omega\varepsilon_2}{\sigma_2^2}\right) \qquad (3-15)$$

式(3-14)中，第一项与地层电阻率有关，而与地层介电常数无关，表示在无泥饼情况下，测量信号反映地层电阻率。第二项与钻井液信息有关，不包含地层信息，而且与频率成反比。为了消除与钻井液有关的第二项，可以采用更高的频率，或者采用双频测量，因此有：

$$\frac{1}{S}\frac{h_2}{\sigma_2}=\frac{\omega_1^2\Re(Z_{\omega_1})-\omega_2^2\Re(Z_{\omega_2})}{\omega_1^2-\omega_2^2} \qquad (3-16)$$

式中，Z_{ω_1}、Z_{ω_2} 分别是角频率 ω_1、ω_2 对应的测量阻抗。

对于式(3-15)所示的阻抗虚部，当增大频率时，地层信息贡献越大(式中第二项)，而且地层的贡献是地层电阻率和地层介电常数共同作用的结果，这在解释过程中将引入不确定性。

2. 模拟结果

选择纽扣电极半径为2mm，仪器几何因子为 $1.2\times10^4\mathrm{m}^{-1}$，油基钻井液和地层的相对介电常数都为10，频率为1kHz，油基钻井液电阻率分别为 $10\mathrm{k}\Omega\cdot\mathrm{m}$、$100\mathrm{k}\Omega\cdot\mathrm{m}$、$1000\mathrm{k}\Omega\cdot\mathrm{m}$，泥饼厚度为0.1mm。图3-2(a)~图3-2(d)给出了测量阻抗实部、虚部、模值和虚实比(阻抗虚部与阻抗实部的比值)随地层电阻率的变化关系。从图中可以看出，阻抗实部、虚部、模值都随地层电阻率和泥饼电阻率的增加而增大，阻抗模值与阻抗实部变化趋势类似，而且虚部和实部的比值受多个因素影响，当油基钻井液电阻率 $1000\mathrm{k}\Omega\cdot\mathrm{m}$ 时，在整个地层电阻率范围内，阻抗虚实比逐渐减小，而且当地层电阻率较高时，减小程度越大。当钻井液电阻率减小到 $10\mathrm{k}\Omega\cdot\mathrm{m}$，阻抗虚实比呈现先减小后增大的变化。图3-2(e)给出了泥饼厚度为0.5mm时的阻抗实部变化，对比图3-2(a)和图3-2(e)可以得出，测量阻抗还与泥饼厚度相关，增加泥饼厚度，使得阻抗增大。图3-2(f)是根据式(3-16)利用1kHz、2kHz两个频率计算的结果。图3-2(f)中的曲线与图3-2(a)类似，但由于消除了泥饼部分对阻抗的贡献，曲线幅值稍微降低。另外，通过图 3-2 发现，低频的传统水基电阻率成像仪器在油基钻井液中使用受到限制，尤其是在低阻地层中。

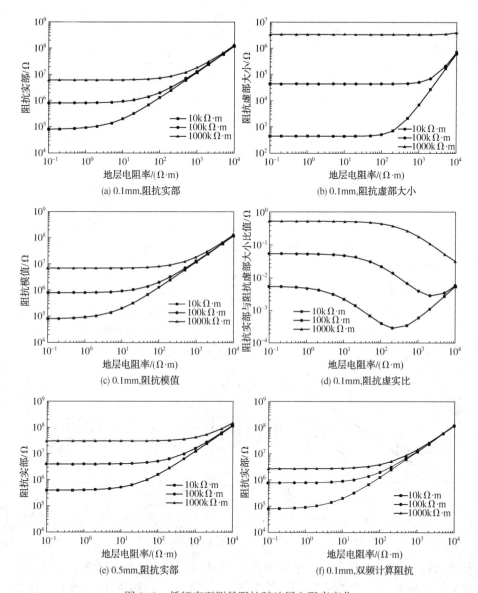

图 3-2　低频率下测量阻抗随地层电阻率变化

因此，采用较高的频率 1MHz，其他条件与图 3-2 中的条件相同，图 3-3 给出了计算结果。从图 3-3（a）可以看出，整体上，阻抗实部随地层电阻率增加基本保持线性增大的趋势，只有当地层电阻率高于 1000Ω·m 时，阻抗实部随地层电阻率增加而减小，但也基本呈现线性变化趋势；另外，当地层电阻率

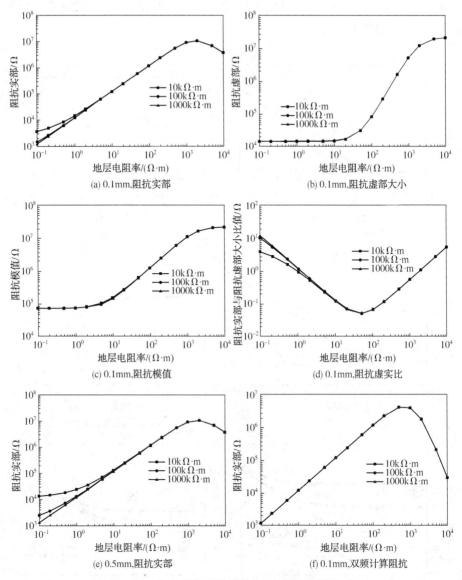

图 3-3　较高频率下测量阻抗随地层电阻率变化

小于 $1\Omega\cdot m$ 时，曲线分开，此时阻抗实部受到钻井液电阻率影响，并且钻井液电阻率越大，线性关系越好。图 3-3(b)表明，在高频条件下，钻井液电阻率对阻抗虚部基本无影响，阻抗虚部只与地层电阻率相关，当地层电阻率较小时，阻抗虚部基本不变；当地层电阻率较高时，阻抗虚部快速增大；当地层电阻率很高时，阻抗虚部增速减小。图 3-3(c)中的阻抗模值变化基本与阻抗虚部变化类似，说明在高频作用下，电容耦合作用增强，钻井液和地层的介电常数对阻抗变化影响很大。另外，阻抗虚部与实部的比值呈现先减小而增大的趋势[图 3-

54

3(d)所示]。泥饼厚度增加到0.5mm时[图3-3(e)]，钻井液电阻率的影响增大，与图3-3(a)相比，曲线分离程度增加，而在高阻部分，曲线变化情况基本相同。最后，图3-3(e)中给出了双频(1MHz，2MHz)计算结果，采用双频计算方法消除了低阻地层中油基钻井液电阻率对阻抗的影响，曲线重合。值得注意的是，与图3-2(a)相比，在高阻地层中，曲线开始下降的拐点向左偏移，拐点的地层电阻率减小。对比图3-3可以发现，采用较高的频率，基本解决了较低阻地层中的电阻率测量问题。

最后，增加泥饼厚度，图3-4给出了不同泥饼厚度条件下(1mm、5mm、10mm)，采用双频计算方法，并经过刻度后的测量电阻率随地层电阻率变化关系，表明在较厚泥饼情况下，双频处理方法仍然具有良好的应用效果。

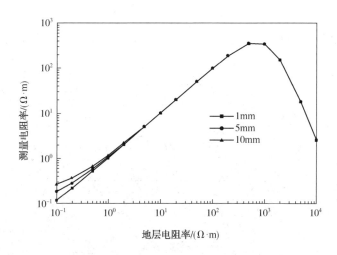

图3-4　不同泥饼厚度条件下测量电阻率随地层电阻率的变化曲线

3.1.2　低阻地层双频电成像测井

1. 工作原理

下面介绍另外一种基于双频率的油基电成像测井数据处理方法。图3-5给出了另外一种形式的等效电路图，图中电流I从交流电压源U中流出，首先穿过纽扣电极前面的泥饼层，在高频作用下，泥饼层阻抗Z_C等效为电容C和电阻r的并联。然后电流流入地层，在低阻地层中，忽

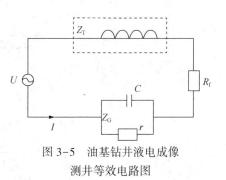

图3-5　油基钻井液电成像
测井等效电路图

略地层容抗作用，只将地层阻抗看成电阻 R_f。电流穿过返回电极与地层之间的泥饼，回流到返回电极，由于返回电极面积远大于纽扣电极面积，忽略掉返回电极与地层之间的泥饼阻抗，将仪器内部线路阻抗等效为感抗 Z_T。所以，总阻抗 Z 为：

$$Z = \frac{U}{I} = Z_T + Z_G + R_f \tag{3-17}$$

采用双频激励，频率分别为 f_1、f_2，测量阻抗分别为：

$$Z_1 = i\omega_1 L + R_f + \frac{1}{r^{-1} + i\omega_1 C} \tag{3-18}$$

$$Z_2 = i\omega_2 L + R_f + \frac{1}{r^{-1} + i\omega_2 C} \tag{3-19}$$

式中，角频率 $\omega_1 = 2\pi f_1$，$\omega_2 = 2\pi f_2$。将式（3-18）式（3-19）写为实部和虚部的形式，即：

$$Z_1 = A_1 + iB_1 \tag{3-20}$$

$$Z_2 = A_2 + iB_2 \tag{3-21}$$

$$A_1 - A_2 = r^{-1}\left[\frac{1}{r^{-2} + (\omega_1 C)^2} - \frac{1}{r^{-2} + (\omega_2 C)^2}\right] \tag{3-22}$$

$$\frac{B_1}{\omega_1} - \frac{B_2}{\omega_2} = -C\left[\frac{1}{r^{-2} + (\omega_1 C)^2} - \frac{1}{r^{-2} + (\omega_2 C)^2}\right] \tag{3-23}$$

根据式（3-22）、式（3-23）得出：

$$\frac{\dfrac{B_1}{\omega_1} - \dfrac{B_2}{\omega_2}}{A_1 - A_2} = G = -Cr \tag{3-24}$$

根据式（3-22）、式（3-24）得出：

$$r = \frac{A_1 - A_2}{\dfrac{1}{1 + (\omega_1 G)^2} - \dfrac{1}{1 + (\omega_2 G)^2}} \tag{3-25}$$

再根据式（3-24）得出：

$$C = \frac{-\left(\dfrac{B_1}{\omega_1} - \dfrac{B_2}{\omega_2}\right)\bigg/(A_1 - A_2)}{r = \dfrac{A_1 - A_2}{\dfrac{1}{1 + (\omega_1 G)^2} - \dfrac{1}{1 + (\omega_2 G)^2}}} \tag{3-26}$$

56

至此，得到了泥饼阻抗部分的等效电阻和电容，将式(3-25)、式(3-26)代入阻抗实部中得到地层部分的电阻 R_f，即：

$$R_f = A_1 - \frac{(\omega_1 C)^2 r}{r^2 + (\omega_1 C)^2} = A_2 - \frac{(\omega_2 C)^2 r}{r^2 + (\omega_2 C)^2} \tag{3-27}$$

可以发现，式(3-27)的计算应用到了阻抗的实部和虚部，而第一种双频计算方法，应用到假设条件 $\dfrac{\sigma_1}{\varepsilon_1} \ll \omega \ll \dfrac{\sigma_2}{\varepsilon_2}$，得到地层电阻率计算结果只与阻抗实部相关，即式(3-16)。

另外，泥饼厚度一般较小，在井壁较规则时，纽扣电极与地层之间的泥饼形状可以近似为小圆柱体，因此满足：

$$r = R_\text{m} \frac{d_\text{m}}{S} \tag{3-28}$$

$$C = \frac{\varepsilon_\text{mr} \varepsilon_0 S}{d_\text{m}} \tag{3-29}$$

式中，d_m 为泥饼厚度；S 为纽扣电极表面积；R_m 为油基钻井液电阻率；ε_mr 为油基钻井液相对介电常数；ε_0 为真空介电常数，$\varepsilon_0 = 8.85 \times 10^{-12} \, \text{F/m}$。

2. 模拟结果

建立有限元数值模拟模型，地层电阻率范围为 $0.1 \sim 10000\Omega \cdot \text{m}$，油基钻井液电阻率为 $10000\Omega \cdot \text{m}$，地层和钻井液的相对介电常数都为 10，泥饼厚度范围 $0 \sim 10\text{mm}$，选择频率为 1MHz、2MHz，利用上述双频校正方法计算地层阻抗随地层电阻率的变化，结果如图 3-6 所示。图 3-6(a) 中泥饼厚度为 0，图 3-6(b)~图 3-6(f) 中泥饼厚度分别为 2mm、4mm、6mm、8mm、10mm，每幅图中含有 3 条曲线，即频率 1、频率 2 以及双频校正后的阻抗曲线，从图中可以看出，当存在泥饼时，与频率 1、频率 2 的阻抗曲线相比，利用双频校正后的阻抗曲线对地层电阻率的敏感性明显提高，如图 3-6(b) 中，双频校正的曲线幅值降低，但是曲线斜率明显增大，从测量阻抗中，提取地层贡献部分，提高了对地层电阻率变化的敏感性。值得注意的是，泥饼厚度增加，双频校正阻抗值增加，对地层电阻率变的敏感性降低，而且该双频校正方法，在低阻地层中适应性较好，在高阻地层中，受地层电容耦合作用影响，曲线出现反转。最后，图 3-6(g) 中将频率改为 1MHz、10MHz，可以发现，提高频率后，曲线拐点对应的地层电阻率降低，仍然提高了对地层电阻率变化的敏感性。

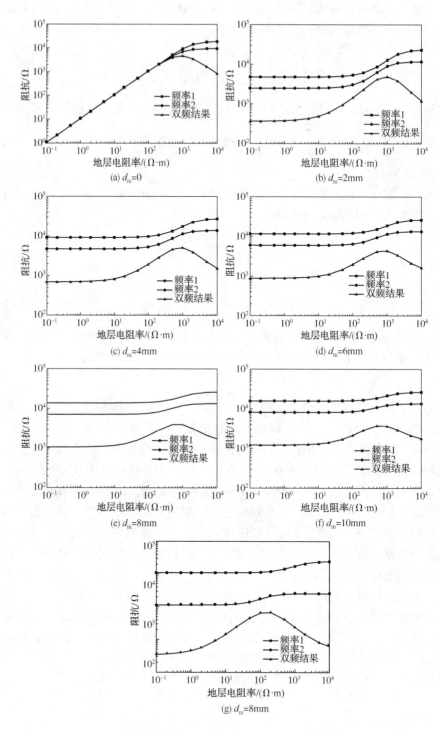

图 3-6　双频校正计算阻抗随地层电阻率变化曲线

3.1.3 高阻地层双频电成像测井

1. 工作原理

在高阻地层中,双频校正曲线发生反转,计算阻抗与地层电阻率不再一一对应。因此,在高阻地层中需要考虑地层电容耦合作用的影响,建立如图 3-7 所示的等效电路图。与图 3-6 对比,在高阻地层中,仪器自身阻抗远小于泥饼阻抗和地层阻抗,因此忽略仪器阻抗,并且考虑高频影响下电容耦合作用的影响,将地层阻抗 Z_F 等效为电阻 R_f 和电容 C_f 的并联。

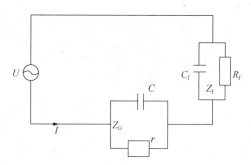

图 3-7 考虑地层电容耦合
作用的等效电路图

此时两个频率下的测量阻抗分别为:

$$Z_1 = \frac{1}{r^{-1}+i\omega_1 C} + \frac{1}{R_f^{-1}+i\omega_1 C_f} \qquad (3-30)$$

$$Z_2 = \frac{1}{r^{-1}+i\omega_2 C} + \frac{1}{R_f^{-1}+i\omega_2 C_f} \qquad (3-31)$$

可以发现,此处 Z_1、Z_2 的表达形式与式(3-8)类似,都是基于泥饼阻抗和地层阻抗的串联得到的,而且泥饼阻抗和地层阻抗都是由电阻和电容的并联得到。但是,前面对式(3-8)的计算结果是基于假设条件 $\sigma_1/\varepsilon_1 \ll \omega \ll \sigma_2/\varepsilon_2$ 得到的。在这里,为了求解式(3-30)、式(3-31),选择中间变量 α_m 和 α_f,满足:

$$\alpha_m = rC \qquad (3-32)$$

$$\alpha_f = R_f C_f \qquad (3-33)$$

根据式(3-30)、式(3-31)分别得到阻抗 Z_1 和 Z_2 的实部和虚部,即:

$$
\left.
\begin{aligned}
A_1 &= \frac{r}{1+(\omega_1 rC)^2} + \frac{R_f}{1+(\omega_1 R_f C_f)^2} \\[2mm]
B_1 &= -\frac{\omega_1 r^2 C}{1+(\omega_1 rC)^2} - \frac{\omega_1 R_f^2 C_f}{1+(\omega_1 R_f C_f)^2} \\[2mm]
A_2 &= \frac{r}{1+(\omega_2 rC)^2} + \frac{R_f}{1+(\omega_2 R_f C_f)^2} \\[2mm]
B_1 &= -\frac{\omega_2 r^2 C}{1+(\omega_2 rC)^2} - \frac{\omega_2 R_f^2 C_f}{1+(\omega_2 R_f C_f)^2}
\end{aligned}
\right\} \qquad (3-34)
$$

根据式(3-32)、式(3-33)对式(3-34)进行消元得到:

$$(\omega_2^2 A_2 - \omega_1^2 A_1)\,\alpha_m\alpha_f + (\omega_2 B_2 - \omega_1 B_1)\,(\alpha_m + \alpha_f) = A_2 - A_1 \tag{3-35}$$

$$(\omega_2 B_2 - \omega_1 B_1)\,\alpha_m\alpha_f + (A_1 - A_2)\,(\alpha_m + \alpha_f) = \frac{B_2}{\omega_2} - \frac{B_1}{\omega_1} \tag{3-36}$$

根据式(3-35)、式(3-36)即可得到 $\alpha_m\alpha_f$ 和 $(\alpha_m + \alpha_f)$,并基于等式(3-37)求解得到 α_m、α_f,式(3-37)为:

$$
\begin{aligned}
\alpha_m &= \frac{(\alpha_m + \alpha_f) + \sqrt{(\alpha_m + \alpha_f)^2 - 4\alpha_m\alpha_f}}{2} \\[2mm]
\alpha_f &= \frac{(\alpha_m + \alpha_f) - \sqrt{(\alpha_m + \alpha_f)^2 - 4\alpha_m\alpha_f}}{2}
\end{aligned}
\tag{3-37}
$$

再根据式(3-34)得到 R_f 的表达式,即:

$$R_f = \frac{(\alpha_m A_1 + B_1/\omega_1)\,(1 + \omega_1^2\alpha_f^2)}{\alpha_m - \alpha_f} \tag{3-38}$$

再根据式(3-33)还可以得到 C_f 的值,即 $C_f = \dfrac{\alpha_f}{R_f}$。至此,利用双频测量阻抗得到地层的等效电阻和等效电容,下面利用数值模拟方法考察该计算方法的有效性。

2. 模拟结果

仍然选择图3-6对应的模拟条件,得到的计算结果如图3-8所示。对比图3-6可以发现,在考虑地层电容耦合作用的基础上,双频校正效果得到很大的改善。例如,当泥饼厚度为2mm时,将地层阻抗等效为纯电阻的校正结果中,只有在中阻地层中,双频计算地层阻抗才与地层电阻率变化保持较好的敏感性,而在低阻地层中敏感性较差,且在高阻地层中曲线发生反转,容易误导地层电阻率的计算,如图3-6(b)所示;将地层阻抗看作地层电阻和电容的并联后,基本上在整个地层电阻率范围内,双频校正阻抗与地层电阻率之间具有很好的线性关系,如图3-8(a)所示,这有利于对地层电阻率的定量计算,只有在地层电阻率很大时(最后一个测量点),曲线才发生反转,而且该反转现象随着泥饼厚度的增加逐渐减弱。另外,图3-8(f)给出了泥饼厚度为6mm,频率为1MHz、10MHz时的校正结果,可以发现,将频率提高到10MHz,直接测量阻抗只是从幅度上有所降低,但是并没有提高对地层电阻率变化的敏感性。对比图3-8(c)和图3-8(f)可以发现该校正方法基本不受频率选择的影响,具有很好的鲁棒性。

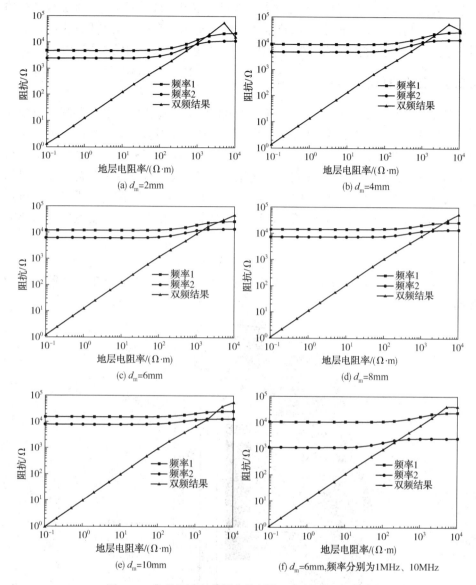

图 3-8　考虑地层电容耦合作用的双频校正阻抗曲线

3.2　standoff 补偿式电成像测井

前一节讲述了利用双频测量方法，从测量的总阻抗中将地层阻抗分离出来，整体上，消除了高阻油基钻井液的高阻特性和电容耦合特性对地层信号的掩饰，提高了对地层电阻率变化的敏感性。该方法是采用两个频率的电源激励，其主要是在电源信号发生、采集、分离等过程中进行了改进。本节中将详细介绍一种极板结构的设计方法，具体为采用不同距离的凹陷纽扣电极阵列，在单一频率下，实现地层信号从总阻抗信号的分离，是另外一种油基钻井液电成像仪器的设计思路。

3.2.1　工作原理

　　如图 3-9 所示，该图是井眼方向的俯视图。井眼中充满油基钻井液，极板放置在井眼中，并与井壁之间保持一定的距离，井眼周围为地层。在极板上，还有两个纽扣电极阵列，两个阵列相互叠在一起并有一定的偏置距离。图 3-9 中，纽扣电极 1 所在阵列的表面与极板表面重合，这与常规的电极结构保持一致。纽扣电极 2 所在阵列的表面向极板内部凹陷，凹陷长度 Δd 可以根据需要确定。纽扣电极 1 与纽扣电极 2 之间的距离非常近，其大小与纽扣电极的宽度近似，因此近似满足条件：

$$d_2 - d_1 \approx \Delta d \tag{3-39}$$

　　其中，d_1 是纽扣电极 1 与井壁之间的距离，d_2 是纽扣电极 2 与井壁之间的距离。

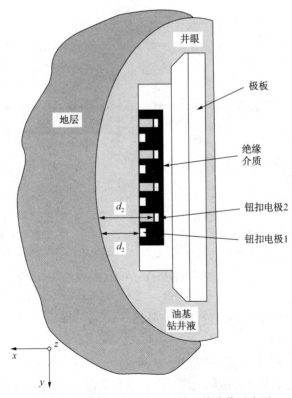

图 3-9　油基钻井液井中双间隙补偿成像示意图

由于纽扣电极 2 所在阵列的表面向极板内部凹陷，因此纽扣电极 2 表面与极板表面之间形成的空间内充满着高阻油基钻井液。采用图 3-8 中所示的结构，将纽扣电极 2 所在凹陷的结构设置为沿极板纵向的长条形结构，以保证随着极板在井眼中移动，钻井液也可以在纽扣电极 2 所在凹陷处流动，这样满足了纽扣电极 1 与纽扣电极 2 面对的钻井液性质相同。仍然采用图 3-5 所示的等效电路，纽扣电极 1 和纽扣电极 2 测量的阻抗 Z_1、Z_2 分别为：

$$Z_1 = \frac{1}{r_1^{-1} + j\omega C_1} + R_{\mathrm{f}} \qquad (3-40)$$

$$Z_2 = \frac{1}{r_2^{-1} + j\omega C_2} + R_{\mathrm{f}} \qquad (3-41)$$

式中，r_1、r_2 分别为纽扣电极 1 和纽扣电极 2 与地层之间的钻井液等效电阻；C_1、C_2 分别为对应的等效电容。在这里，根据式（3-28）和式（3-29）可以得到关系式：

$$\frac{r_1}{r_2} = \frac{C_2}{C_1} \qquad (3-42)$$

根据式（3-42），阻抗 Z_2 的表达式可以写为：

$$Z_2 = \frac{1}{r_1^{-1}\,(C_1/C_2)^{-1} + j\omega C_2} + R_{\mathrm{f}} \qquad (3-43)$$

根据式（3-40）、式（3-43）可以得出阻抗 Z_1、Z_2 的实部和虚部分别为：

$$
\begin{aligned}
A_1 &= \frac{r_1}{1 + (\omega r_1 C_1)^2} + R_{\mathrm{f}} \\[2mm]
A_2 &= \frac{r_1}{1 + (\omega r_1 C_1)^2}\frac{C_1}{C_2} + R_{\mathrm{f}} \\[2mm]
B_1 &= -\frac{\omega r_1^2 C_1}{1 + (\omega r_1^2 C)^2} \\[2mm]
B_2 &= -\frac{\omega r_1^2 C_1}{1 + (\omega r_1^2 C)^2}\frac{C_1}{C_2}
\end{aligned}
\qquad (3-44)
$$

根据式（3-44）可以得出：

$$A_2 - A_1 = \frac{r_1}{1 + (\omega r C)^2}\left(\frac{C_1}{C_2} - 1\right) \qquad (3-45)$$

$$\frac{B_2 - B_1}{\omega} = -\frac{r_1^2 C_1}{1 + (\omega r_1 C_1)^2}\left(\frac{C_1}{C_2} - 1\right) \qquad (3-46)$$

令 $\tau = r_1 C_1$，根据式(3-45)、式(3-46)可以得出：

$$\tau = -\frac{1}{\omega}\frac{B_2 - B_1}{A_2 - A_1} \quad\quad (3-47)$$

至此，根据两个纽扣电极的测量数据得到了表征油基钻井液性质的参数 τ。将 τ 代入到式(3-44)中可以得到：

$$r_1 = -\frac{B_1\left[1 + (\omega\tau)^2\right]}{\omega\tau} \quad\quad (3-48)$$

$$R_f = \frac{A_1 B_2 - A_2 B_1}{B_2 - B_1} \quad\quad (3-49)$$

式(3-46)即表达了根据极板表面电极和凹陷电极的结构设计方式，从测量总阻抗中分离得到的地层阻抗，而且该表达式较为简洁，只与测量阻抗的实部和虚部相关。

3.2.2 模拟结果

建立地层参数模型，地层电阻率范围为 $0.1 \sim 10000\Omega \cdot m$，油基钻井液电阻率为 $10000\Omega \cdot m$，地层和钻井液的相对介电常数都为10，泥饼厚度范围 $0 \sim 10mm$，表面电极与井壁电极之间的距离为 $1 \sim 4mm$，电源频率为 $1MHz$，凹陷电极与极板表面的距离 Δd 为 $1mm$，考查表面电极和凹陷电极测量的地层阻抗随地层电阻率的变化情况，结果如图3-10所示。从图中可以看出，经过凹陷电极补偿计算的结果大幅度提高了对地层电阻率变化的敏感性。计算过程中未考虑地层电容耦合的作用，在高阻地层中也出现了反转现象。该模拟中地层电阻率小于 $1\Omega \cdot m$ 时，表面电极和凹陷电极的测量信号中地层贡献非常少，计算阻抗出现负值。而且，随着泥饼厚度的增加，计算阻抗幅度有所下降。

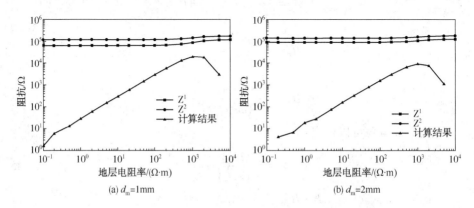

(a) $d_m = 1mm$ (b) $d_m = 2mm$

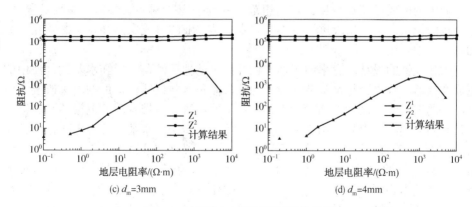

(c) d_m=3mm   (d) d_m=4mm

图 3-10 凹陷电极补偿测量阻抗曲线

图 3-11 给出了在不同凹陷距离条件下，计算地层阻抗随地层电阻率的变化关系。从图中可以看出，凹陷距离的变化对计算结果基本没有影响，这为凹陷结构设计提供了有利条件。

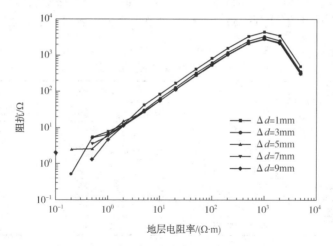

图 3-11 不同凹陷距离条件下计算的阻抗曲线

3.3 建立导电路径方法简介

本节将主要介绍利用物理和化学等方面的措施，比如泥饼刮除极板，泥饼去除方法和导电型油基钻井液技术等方法在油基钻井液电成像测井中的应用。

3.3.1 刮除泥饼装置

FMI 等水基钻井液中的电成像仪器分辨率很高，尽管 OBMI 等油基钻井液中的电成像测井仪器也相继出现并得到应用，但是其主要缺点是分辨率低，与水基钻井液中的电成像仪器相比，其应用范围受到一定限制。威德福公司另辟蹊径，主要从极板结构上做出改进，使得基于水基钻井液的电成像测井技术能够在油基钻井液井中应用。

OMI仪器的设计理念来源于油基钻井液中的地层倾角仪器和水基钻井液中的电成像仪器。首先，将水基钻井液中的地层倾角测井仪器极板上的电极改装为带有刮刀的电极，从而可以刮除附着在井壁上的泥饼。该带有刮刀电极的装置已经在长时间的实际中得到应用。另外，OMI仪器还借用了水基钻井液电成像测井仪器的推靠系统、极板装置，并对仪器底端的电子线路部分进行了改进。表3-1给出了OMI仪器的主要结构参数数据，测量地层电阻率范围与水基钻井液电成像测井仪器基本相同。图3-12(a)给出了OMI仪器图，该仪器含有六个推靠臂，每个推靠臂通过铰接装置与仪器主体连接，每个极板可以灵活自由地转动，从而保证极板与井壁之间的良好接触。图3-12(b)给出了OMI仪器极板的细节图，在每个极板上装有10个刮刀，每个刮刀背面安装有弹簧装置与极板连接，从而确保每个刮刀可以自主地内外运动，以便与井壁接触。仪器工作时，每个刮刀刮除泥饼的同时，中间的8个刮刀还充当纽扣电极，并向地层中发射电流，电流回流到极板后仪器表面(图3-13)，测量每个电极与极板表面的电势差和电流大小，从而计算出电阻率。

表3-1 OMI仪器的主要参数

技术指标	参数	技术指标	参数
极板数	6	最大耐温	350°F(176℃)
每个极板的刮刀/电极	10/8	最大耐压	20000Psi
电极尺寸及间距	0.267in(刮刀长度为0.15in)	最大测井速度	1800ft/h
井眼覆盖率	51%(8in井眼)	井眼尺寸	6~15in
测井采样率	0.1in	仪器直径	5.25in
分辨率	0.2in(垂向)	仪器长度	19.30ft
电阻率测量范围	0.2~10000Ω·m	仪器重量	400lbs

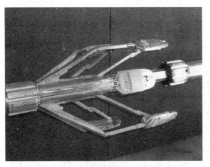
(a)OMI电成像测井仪器

(b)OMI仪器极板细节图

图3-12 OMI仪器及装有刮刀电极的极板图

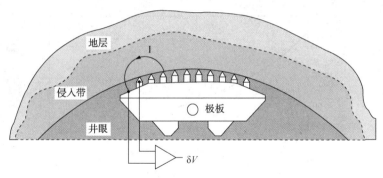

图 3-13 OMI 仪器极板工作示意图

随后，基于 OMI 仪器的结构设计，还研发了另外一种适合小尺寸井眼的小型油基钻井液电成像仪器 COI，如图 3-14 所示。COI 采用级联装置，共有 8 个推靠臂，具有较高的井眼覆盖率。图 3-15 给出了井眼覆盖率与钻头尺寸的关系曲线，在 6in 井眼中，井眼覆盖率达到 83%。上部 4 个推靠臂与仪器主体交联，该设计方式使得仪器即使在水平井中也能处于居中位置，并保持极板与井壁之间的良好接触。仪器下端 4 个推靠臂可以独立自由地活动。利用上部的 2 个推靠臂和下部的 4 个推靠臂进行井眼尺寸测量，从而提供准确的井眼形状。上部的 4 个极板中，每个极板装有 8 个刮刀电极，下部的四个极板中，每个极板装有 10 个刮刀电极，总共可以提供 72 条电阻率曲线。COI 的详细参数如表 3-2 所示。

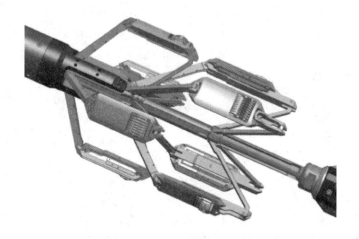

图 3-14　COI 仪器的推靠臂和极板装置

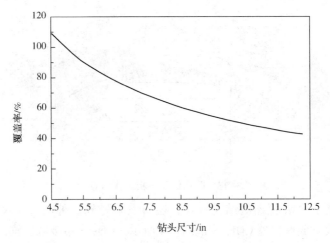

图 3-15 井眼覆盖率与钻头尺寸关系曲线

表 3-2 COI 仪器的主要参数

技术指标	参数
极板数	8
纽扣电极数量/极板	10(下)/8(上)
井眼覆盖率	83%(6in 井眼)
分辨率	0.4in×0.2in(垂向×方位)
探测深度	0.5in
测量范围	微电阻率：0.2~10000Ω·m；倾斜：0°~180°；方位：0°~360°
测量准确性	井径：±0.2in；倾斜：±0.1°；方位：±5°
最大耐温	302°F(150℃)
最大耐压	15000Psi(103MPa)
最大测井速度	2000ft/h
井眼尺寸	4.6~13in
仪器直径	2.25in(最小)，3.1in(最大)
仪器长度	18.63ft(5.68m)
仪器重量	141lb(64kg)
钻井液类型	油基，柴油，合成

3.3.2 导电型油基钻井液

另外一种导电路径的建立方法是使用导电型油基钻井液，即兼具一般油基钻井液和水基钻井液的优点，保持良好的润滑、抗高温等性能，也具有一定的导电性，该方法拓展了 FMI 等传统水基电成像仪器的使用环境，但该导电型油基钻井

68

液成本较高。在第 1.2.3 小节已经介绍了提高油基钻井液的主要方法，因此本小节主要介绍一种导电型油基钻井液及其在电成像测井中的应用情况。

表 3-3 给出了一个常见的高阻油基钻井液的成分表。在该钻井液中，基油（如柴油）和反相乳化剂是连续相，并含有一些添加材料，如重晶石、石灰石粉、滤失控制剂等，以保持良好的滤失性、黏性、润湿性、保持井壁稳定性等。但是，该油基钻井液的电阻率很高，限制了电测井仪器的应用。为此需要适当添加其他物质，改变钻井液组分，提高钻井液的导电能力。

表 3-3 一种常见高阻油基钻井液的成分表

成分	浓度/(kg/m³)	成分	浓度/(kg/m³)
基油	375.4	增黏剂	14.3
反相乳化剂	42.8	$CaCl_2$	75.2
石灰石粉	17.1	淡水	210.2
滤失控制剂	17.1	加重材料(重晶石)	940.3

表 3-4 给出了一种经过实际应用检验的导电型油基钻井液，相比于表 3-3 所示的高阻油基钻井液，主要增加了导电盐成分、导电表面活性剂和溶剂等成分，该钻井液的比重为 1.5~1.75，在常温条件下电导率大于 50μS/m，在高温条件下，钻井液电导率能达到 1000μS/m 以上，如图 3-16 所示。

表 3-4 油田测试导电油基钻井液配方

成分	浓度/(kg/m³)	成分	浓度/(kg/m³)
低毒性矿物油	444.1	流体过滤控制剂	16.1
导电溶剂	70.8	增黏剂	24
导电表面活性剂	18.7	$CaCl_2$	26.5
主成分乳化剂	38.4	淡水	86.9
辅助乳化剂	12.3	导电型盐	20.3
石灰石粉	6.8	重晶石	618.6
聚合物过滤控制剂	7.8		

图 3-17 给出了 FMI 仪器在盐水钻井液、高阻油基钻井液、导电油基钻井液中对水泥浇筑试验井的成像结果对比。与盐水基钻井液中的结果[图 3-17(a)]相比，高阻油基钻井液中的成像[图 3-17(b)]完全模糊，几乎无法分别层界面和电阻率对比，不能提供有价值的信息。导电油基钻井液中的成像[图 3-17(c)]与

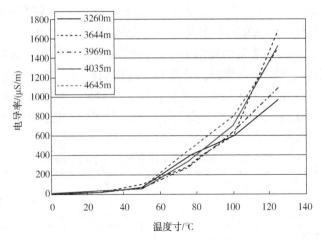

图 3-16　不同地层深度的导电油基钻井液样品电导率与温度变化关系

盐水基钻井液中的结果几乎完全相同，而且在图像下部，钻井液的电阻率要高于水泥层电阻率，钻井液充填裂隙显示为高阻亮色，清晰度明显提高。

(a)盐水基钻井液　　　　　　　(b)油基钻井液　　　　　　　(c)导电油基钻井液

图 3-17　FMI 在水基、油基、导电油基试验井中的成像结果对比

3.4 双接收补偿式电成像测井

3.4.1 工作原理

最简单的一发双收测量方式采用一个发射电极和两个接收电极，应用到油基钻井液电成像测井中，如图 3-18 所示，在一块极板上，一端放置一个发射电极 T，另一端放置纽扣电极阵列，纽扣电极数量为 $2 \times n$，即 2 排，一排有 n 个电极。极板工作时，发射电极 T 发射一定频率的电流穿过泥饼层进入地层，然后电流再一次穿过泥饼层分别回流到返回电极 R_1、R_2。仪器工作的等效电路图如图 3-19 所示。忽略仪器自身内部阻抗，发射电极与单个接收电极之间的阻抗包括：发射电极与地层之间的泥饼阻抗 Z_t，地层阻抗 Z_f，接收电极与地层之间的泥饼阻抗 Z_b。

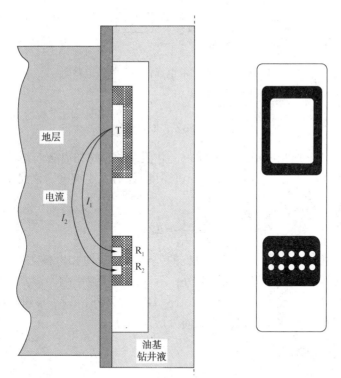

图 3-18　一发双收式油基钻井液电成像测井极板和工作示意图

纽扣电极 R_1、R_2 的测量阻抗分别为

$$Z_1 = \frac{U}{I_{b1}} = Z_t + Z_f + Z_{b1} \qquad (3-50)$$

$$Z_2 = \frac{U}{I_{b2}} = Z_t + Z_f + \Delta Z_{f12} + Z_{b2} \qquad (3-51)$$

式中，U 是电源电压；Z_1、Z_2 分别为纽扣电极 R_1、R_2 的测量阻抗；I_{b1}、I_{b2} 分别是纽扣电极 R_1、R_2 的接收电流；Z_{b1}、Z_{b2} 分别是纽扣电极 R_1、R_2 与地层之间的泥饼阻抗；Z_f 是发射电极到纽扣电极 R_1 的地层阻抗；ΔZ_{f12} 是纽扣电极 R_1、R_2 之间的地层阻抗。

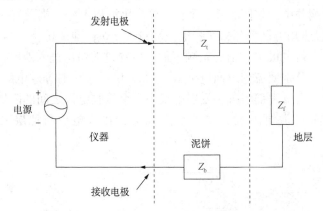

图 3-18　油基钻井液电成像测井等效电路图

纽扣电极 R_1、R_2 的测量阻抗差值为：

$$\frac{U}{I_{b2}} - \frac{U}{I_{b1}} = \Delta Z_{f12} + Z_{b2} - Z_{b1} \qquad (3-52)$$

尽量减小两个纽扣电极之间的间距，并假设两个纽扣电极与地层之间的泥饼参数（泥饼电阻率、泥饼介电常数、泥饼厚度）没有发生突变，满足 $Z_{b2} \approx Z_{b1}$，式（3-49）简化为：

$$\frac{U}{I_{b2}} - \frac{U}{I_{b1}} = \Delta Z_{f12} \qquad (3-53)$$

因此，利用两个纽扣电极测量阻抗的差值来计算纽扣电极之间的地层阻抗，通过两个测量阻抗差值消去了泥饼部分，不受极板间隙影响。该测量方法是建立在 $Z_{b2} \approx Z_{b1}$ 基础上，或者满足 $|Z_{b2} - Z_{b1}| \ll \Delta Z_{f12}$。另外，$\Delta Z_{f12}$ 与纽扣电极之间的间距 d 有关，间距 d 决定了仪器的纵向分层能力。

3.4.2　模拟结果

下面利用数值模拟方法来考查双接收补偿式电成像测井的有效性。建立地层模型，钻井液电阻率 R_m 为 $10000\Omega \cdot m$，地层电阻率范围为 $0.1 \sim 10000\Omega \cdot m$，钻井液和地层的相对介电常数分别为 6、10，默认的泥饼厚度为 0.2in，频率为 1MHz。图 3-19 给出了频率和泥饼厚度两个参数对测量阻抗差［式（3-53）］的影响。从图中可以看出，整体上，利用测量阻抗表征地层电阻率变化的效果一般，

72

只能较好地表示出中阻段地层的电阻率变化，而且频率越高，阻抗差越有利于表示偏低阻地层的电阻率变化，泥饼厚度越大，阻抗差能反映的地层电阻率变化范围越小。

进一步研究发现，两个纽扣电极的测量阻抗曲线形态都与图 3-20 相似，即在低阻地层，测量阻抗变化平缓；在中阻地层，测量阻抗变化明显；在高阻地层，测量阻抗变化又趋于平缓，其原因是，当地层电阻率较低时，地层阻抗远小于泥饼阻抗，测量阻抗中主要是泥饼阻抗，难以反映出地层阻抗的变化；在中阻地层中，测量阻抗中的地层阻抗部分明显，可以清晰反映出地层电阻率的变化；在高阻地层中，在高频电流作用下，受地层介电常数的影响，测量阻抗曲线又趋于平缓。因此，阻抗差曲线才会呈现出图 3-20 中所示的曲线。图 3-21 给出了不同地层相对介电常数 ε_{fr} 影响下的阻抗差曲线，结果验证了上述分析。

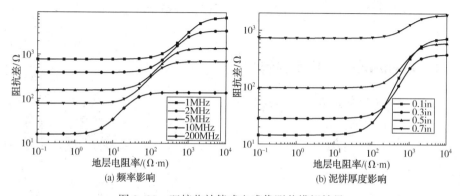

图 3-20　双接收补偿式电成像测井模拟结果

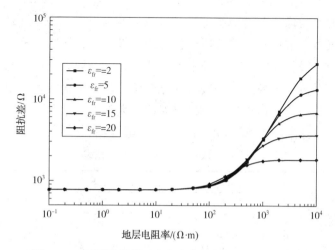

图 3-21　不同地层相对介电常数影响下的阻抗差曲线

通过以上分析可以得出，双接收补偿式电成像测井不是一种有效的能够明确反映出全范围内地层电阻率变化的方法，难以有效地消除高阻泥饼的影响，该方法未见应用于实际测井实例中。

3.5　油基钻井液补偿电成像测井的应用

3.1~3.4 节中主要介绍了双频补偿方法、极板间距补偿方法、刮除泥饼方法和导电型油基钻井液。除了极板间距补偿方法外，其他 3 种方法的应用都已经在公开文献中进行了报道。Earth Imager 仪器主要采用了双频补偿方法来去除高阻泥饼对地层电阻率测量的影响，OMI/COI 仪器采用了刮除泥饼方法来建立极板与地层之间的导电路径，实现地层电阻率的测量，另外，导电型油基钻井液也在实际测井中得到应用。因此，本节将主要介绍这 3 种措施在电成像测井中的实际应用效果。

3.5.1　Earth Imager 应用实例

Earth Imager 仪器是 Baker Atlas 公司在 21 世纪初推出的一款适用于油基钻井液的电成像测井仪器，其采用了 3.1 节中介绍的基于两个频率测量数据条件下的电成像方法。下面，首先简要介绍 Earth Imager 仪器的结构参数，然后重点介绍其应用实例。

图 3-22 给出了 Earth Imager 仪器的相关工作示意图和极板、仪器机构、支撑臂展示图等内容。可以看出，整体上，Earth Imager 的测量过程和 FMI 等水基钻井液中的电成像仪器类似，电流从极板电极流出后穿过泥饼层进入地层，最后回流到仪器上端位置。该仪器共包含 6 个极板，在极板中部位置，横向分布着 8 个纽扣电极，在纽扣电极的上下两端各有一个线条状的屏蔽电极。电极与电极之间、电极与极板之间镶嵌有绝缘介质。每一个极板通过可以独立自由调整的支撑臂与仪器主体连接，以确保即使在大斜井、水平井中极板与井壁紧密接触。表 3-5 详细给出了 Earth Imager 的参数数据。

表 3-5　Earth Imager 参数数据表

参数	取值	参数	取值
极板数量	6	测量电阻率范围	0.2~10000Ω·m
每个极板上的纽扣电极数量	8	R_{xo}准确率	1.5%(1~2000Ω·m)
井眼覆盖率	65%(8in)	最大温度	350°F(175℃)
采样率	0.1in(120 次/ft)	最大压力	20000psi

参数	取值	参数	取值
垂直分辨率	0.2in(5mm)	最大测井速度	600ft/hr
纽扣电极间隔	0.31in(8mm)	井眼直径范围	6~21in
探测深度	0.8in(20mm)		

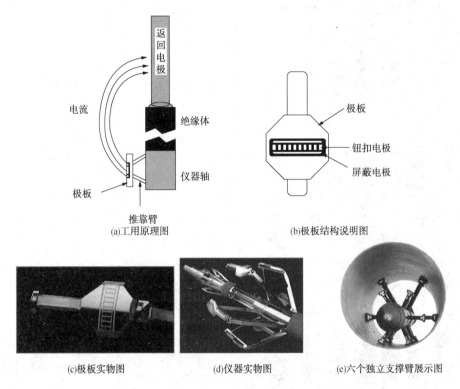

图3-22　Earth Imager 仪器工原理及结构展示

首先，图3-23给出了 Earth Imager 测量电阻率与感应测井测量结果的对比。图中包括静态成像(第1道)，Earth Imager 仪器4号极板的测量电阻率(滤波前和滤波后，第2道)，滤波后电阻率与 HDIL 浅探测电阻率的对比(第3道)。图3-23表明，滤波前的曲线波动距离，说明 Earth Imager 仪器具有很高的分辨率。在地层均质性较好井段，滤波后的曲线与 HDIL 浅探测曲线吻合程度很高，误差控制在1.1%以内。在地层均质性较差井段，这两条曲线的差别较大，这是因为感应测井曲线是地层的平均响应，而 Earth Imager 的测量曲线更多反映井壁附近地层的非均质性。

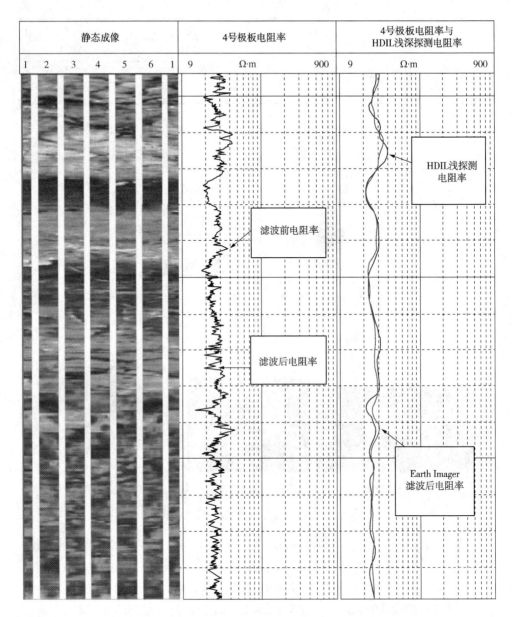

<table>
<tr><td colspan="7" align="center">静态成像</td><td colspan="3" align="center">4号极板电阻率</td><td colspan="3" align="center">4号极板电阻率与
HDIL浅深探测电阻率</td></tr>
<tr><td>1</td><td>2</td><td>3</td><td>4</td><td>5</td><td>6</td><td>1</td><td>9</td><td>Ω·m</td><td>900</td><td>9</td><td>Ω·m</td><td>900</td></tr>
</table>

HDIL浅探测
电阻率

滤波前电阻率

滤波后电阻率

Earth Imager
滤波后电阻率

图 3-23　Earth Imager 与 HDIL 浅探测结果对比

　　图 3-24 给出了 Earth Imager 在页岩、碳酸盐岩交互地层中的成像结果。图中包括 HDIP 倾角测井(第 1 道)，Earth Imager 静态和动态成像(第 3 道和第 4 道)，声波成像(第 5 道)，以及放大显示的动态成像细节。图 3-24 中的成像验证了 Earth Imager 具有很好的垂向和周向分辨率，能够清晰显示地层分界面，成像效

果要优于声波成像。另外，在图中还显示了高阻裂缝(亮色正弦曲线)，这些裂缝在声波上显示不明显。

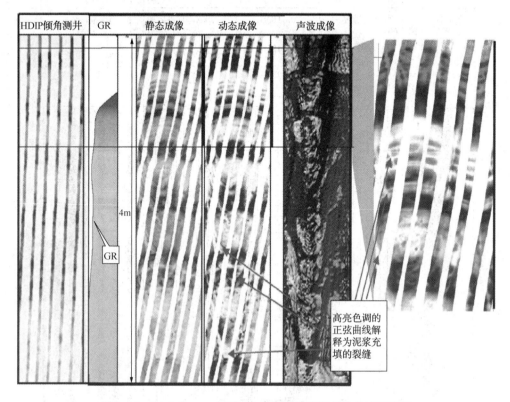

高亮色调的正弦曲线解释为泥浆充填的裂缝

图 3-24　Earth Imager 在页岩、碳酸盐岩交互层中的应用实例

图 3-25 给出了 Earth Imager 在低阻砂页岩薄互层中的应用。图中可以看出，在深度 X120ft 以上位置是页岩层，以下位置是砂页岩薄互层。HDIL 阵列感应响应(第 3 道)表明该段储层电阻率在 $1\Omega\cdot m$ 以下，多分量感应响应(第 4 道)中，水平电阻率与阵列感应响应一致，垂直电阻率比水平电阻率高 2~4 倍。Earth Imager 成像(第 5 道)中也直观地显示出薄砂岩和薄页岩的交互特征。

图 3-26 中给出了 Earth Imager 与声波成像联合应用的实例，两种图像相互补充，Earth Imager 动态成像(第 4 道)中显示的裂缝为地层真实裂缝，表明 Earth Imager 响应更多的来自地层。这些裂缝在声波图像(第 5 道)中不明显，声波图像中的裂缝大都是钻井诱导裂缝，其响应更多的来自井壁。Earth Imager 与声波成像联合应用，相互印证和补充，有利于对地层裂缝的辨识和解释。

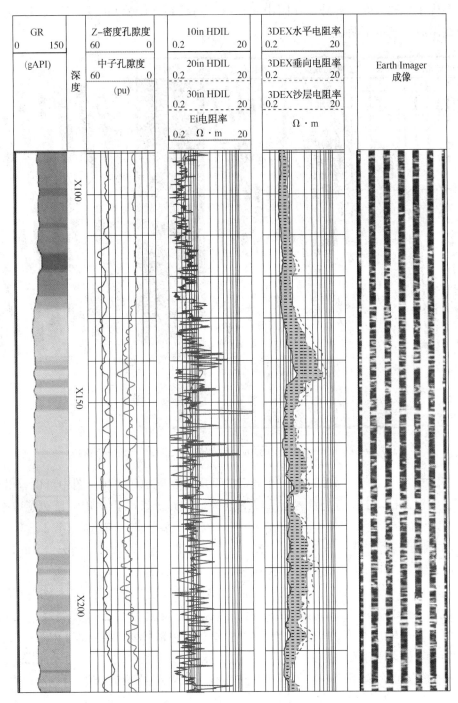

GR 0 150 (gAPI)	深度	Z-密度孔隙度 60 0 中子孔隙度 60 0 (pu)	10in HDIL 0.2 20 20in HDIL 0.2 20 30in HDIL 0.2 20 Ei电阻率 0.2 Ω·m 20	3DEX水平电阻率 0.2 20 3DEX垂向电阻率 0.2 20 3DEX沙层电阻率 0.2 20 Ω·m	Earth Imager 成像

图 3-25 Earth Imager 在低阻砂页岩薄互层中的应用实例

78

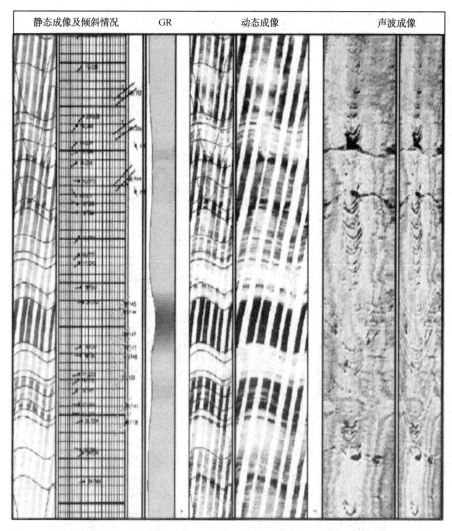

静态成像及倾斜情况	GR	动态成像	声波成像

图 3-26　Earth Imager 与声波测井在裂缝成像上的对比实例

3.5.2　OMI/COI 应用实例

图 3-27 给出了基于刮刀电极装置的 OMI 仪器的应用效果。该井分为三个井段，第一个井段使用 13.375in 的钻头，第 2 个井段使用 9.625in 的钻头，第三个井段使用 7.625in 的钻头。第一个井段使用水基钻井液，第二、第三个井段使用油基钻井液，并结合常规的电缆测井仪器来分析地层结构和沉积特征。

图 3-28 中显示了第二井段中的测量结果。图中，OMI 图像（第 4 道为静态图像，第 5 道为动态成像）的清晰度可以与水基钻井液中的电成像测井相媲美。相比于感应测井曲线（第 2 道），OMI 的电导率曲线（第 3 道）波动剧烈，显示出该仪器

具有很高的分辨能力。砂页岩层序结构和薄层可以在图像中清晰地显示出来。

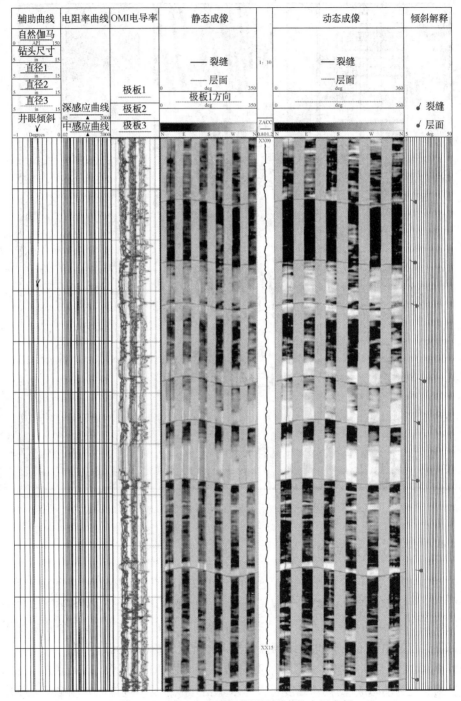

图 3-27　OMI 在砂页岩薄层识别中的应用实例

图 3-28 给出了 OMI 仪器在裂缝成像上的应用实例，如图中所示，在 XX91ft 位置上存在一条裂缝(第 2 道，动态图像；第 4 道，静态图像)。值得注意的是，在油基钻井液井中，井壁上的开裂缝被高阻油基钻井液充填，在图像上显示为高阻亮色。方解石、石英等高阻矿物充填的闭合缝在图像上也显示为高阻亮色，所以无法识别图像显示的裂缝是开裂缝还是闭合裂缝，此时可以借助声波成像(依据钻井液和矿物的密度差异)来辨别裂缝的闭合状态。

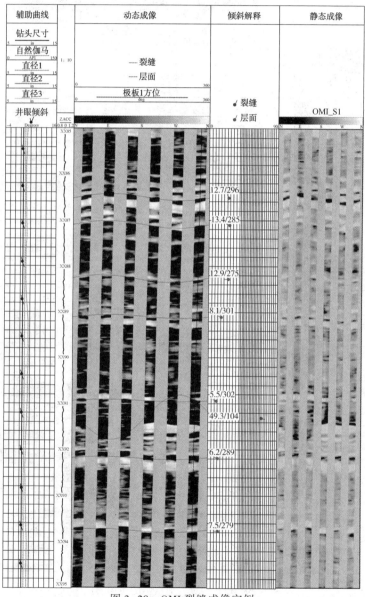

图 3-28　OMI 裂缝成像实例

图 3-29 和图 3-30 分别给出 COI 仪器在页岩地层和碳酸盐岩地层中的应用实例。图 3-29 中，页岩地层中存在高阻结核结构(图中椭圆形亮色部分)。图中的垂直线条是钻杆与井壁摩擦造成的，这些地质假象也在图中清晰显示出来。另外，最后一道中，还给出了基于图像重构算法的 360°全井眼成像结果，填补了极板间的缺失信息，并利用基于模式匹配的速度校正方法减少了相邻极板间的错配、不协调情况，有利于地质现象的观察、辨别和解释。图 3-30 显示了相似的结果。

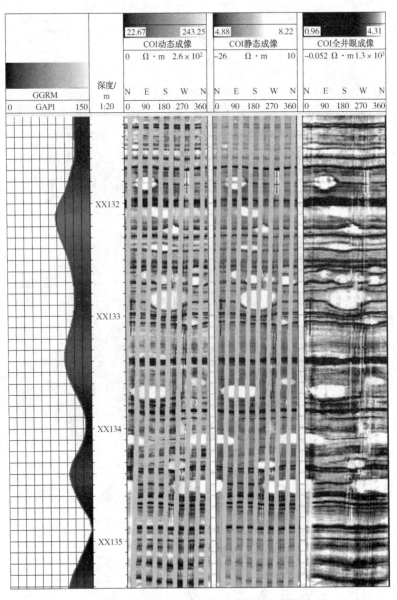

图 3-29　COI 在页岩地层中的应用实例

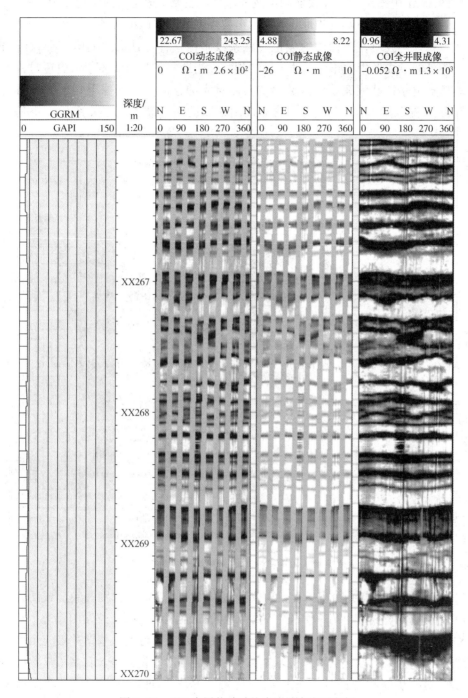

图 3-30　COI 在层状碳酸盐岩地层中应用实例

图 3-31 中给出了 COI 仪器和声波成像仪器在裂缝地层中的应用实例，图中，第 2 道至第 5 道分别是声波时差成像，声波幅度成像，COI 动态成像以及 COI 全井眼成像。声波时差图像中的黑色竖状条纹是由钻杆与地层之间摩擦导致的结果。声波幅度成像中的正弦曲线为地层裂缝，当这些正弦曲线显示为黑色时，表示这些裂缝是钻井液充填的开裂缝，与之对应的，在 COI 图像上显示为高阻裂缝。除了钻井液充填的开裂缝，含有高阻矿物的闭合裂缝在 COI 图像上也是为亮色。

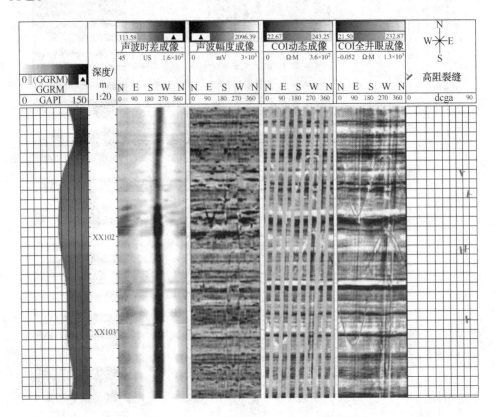

图 3-31　COI 和声波成像识别地层裂缝实例

图 3-32 中给出了另外一个 COI 仪器和声波成像仪器在识别开裂缝或闭合裂缝上的应用实例。在电阻率图像中显示了多条高阻裂缝，而在声波图像上，只在 XX103m 位置显示了一条黑色正弦曲线，表明该裂缝是高阻油基钻井液充填的开裂缝，而其他裂缝在声波图像上基本无显示，表明这些裂缝是含有高阻矿物的闭合缝。这些矿物和周围地层的声波阻抗特征基本相同，因此未在声波图像中显示。

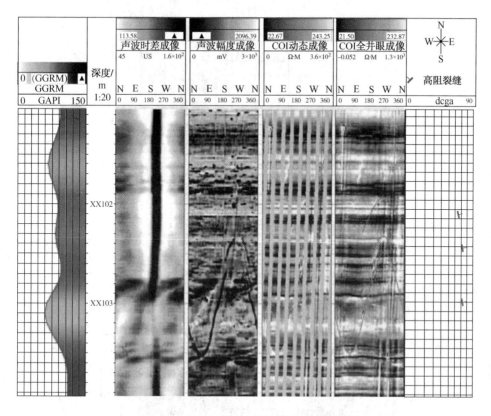

图 3-32 COI 和声波成像识别地层裂缝实例

3.5.3 导电油基钻井液应用实例

图 3-33 和图 3-34 给出了 FMI 在导电油基钻井液中的应用实例，每个图中都含有静态成像和动态成像以及倾斜解释结果。图 3-33 中，在 3642m 处，一条倾斜角为 50°的断层被直观显示出来，如果不能有效识别出该断层，则将导致断层上下层界面的解释错误。同样，图 3-34 中，在 4361.5m 处，一条倾角为 75°的断层也被识别出来。通过这两幅图可以看出，FMI 可以在导电型油基钻井液中获得与在水基钻井液中同样质量的成像结果，这也为油基钻井液中的电成像提供了一种新的途径，但是，可能鉴于成本和环境等因素的考虑，在公开的资料中，该方法的应用相对较少。

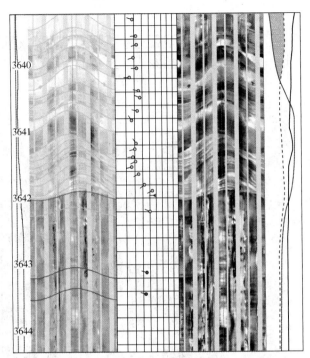

图 3-33　FMI 在导电油基钻井液中的应用实例 1

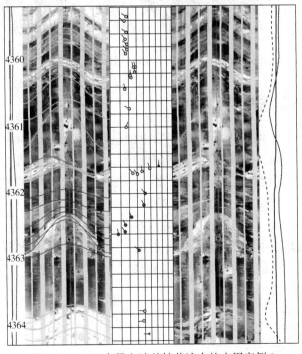

图 3-34　FMI 在导电油基钻井液中的应用实例 2

86

参 考 文 献

[1] Tabanou J R, Omeragic D, Seydoux J, et al. Apparatus and methods for imaging wellsdrilled with oil-based muds: US7073609[P]. 2006-7-11.

[2] Itskovich G B, Forgang S W, Bespalov A N. Dual standoff resistivity imaging instrument, methods and computer program products: US7689363[P]. 2010-3-30.

[3] Bittar M S, Hu G, Buchanan J. Multi-mode oil base mud imager: US7098664[P]. 2006-8-29.

[4] Williams P, Mcquown S, Maria D B P. A new small diameter, memory based, microresistivity imaging tool engineered for oil-based mud: design and applications[C]. // SPWLA 57th Annual Logging Symposium. Society of Petrophysicists and Well-Log Analysts, June 25-29, 2016.

[5] Christie R, Schoch P. Structural and sedimentary features delineated using electrical borehole images in a non-conductive mud system[C] // SPWLA 48th Annual Logging Symposium. Society of Petrophysicists and Well-Log Analysts, June 3-6, 2007.

[6] Chemali R, Schoch P J, Andrew Yuratich M. Method and apparatus for obtaining electrical images of a borehole wall through nonconductive mud: CA 2447508 A1[P]. 2004-3-16.

[7] Evans M T. Apparatus and method for wellbore resistivity determination and imaging using capacitive coupling: US6600321[P]. 2003-7-29.

[8] Evans M T, Burt A R. Image focusing method and apparatus for wellbore resistivity imaging: US6348796 B2[P]. 2002-2-19.

[9] Evans M T, Burt A R, Alexy A. Apparatus and method for wellbore resistivity imaging using capacitive coupling: US6714014[P]. 2004-3-30.

[10] Tabarovsky L A, Alexy A. Apparatus and method for wellbore resistivity measurements in oil-based muds using capacitive coupling: US6809521[P]. 2004-10-24.

[11] Itskovich G, Bespalov A, Incorporated B H. High resolution resistivity earth imager: US7397250B2 [P]. 2008-7-8.

[12] Itskovich G B, Bespalov A N. High resolution resistivity earth imager: US7385401[P]. 2008-6-10.

[13] Lofts J, Evans M, Pavlovic M, et al. A new micro-resistivity imaging device for use in oil-based mud[C]. // SPWLA 43rd Annual Logging Symposium. Society of Petrophysicists and Well-Log Analysts, June 2-5, 2002.

[14] Hilton V C, Sapru A K, Pavlovic M, et al. Detailed reservoir characterization utilizing oilbased micro-resistivity image logs[C]. // SPWLA 44th Annual Logging Symposium. Society of Petrophysicists and Well-Log Analysts, June 22-25, 2003.

[15] Pavlovic M, Mollison R, Payne C J, et al. Oil-Base Borehole Image Applications in Thinly Bedded Sand Shale Sequences [C] . // SPE Latin American and Caribbean Petroleum Engineering Conference, April 27-30, 2003.

第4章 油基钻井液电成像测井地层信号提取方法

前面章节主要讲述了四点测量法，双频校正方法、极板间隔补偿方法以及建立导电路径方法在油基钻井液电成像测井中的应用。这些方法出现时间相对较早，属于第一代油基钻井液电成像测井仪器。在这些方法中存在诸多问题，例如，四端点测量法对井壁光滑程度要求较高，在井眼不规则或泥饼厚度较大时，测量准确性降低，容易错失平行于井眼的地质现象。双频校正方法、极板间隔补偿方法中在高阻地层中存在反转现象。带有刮刀电极的电成像测井和导电型油基钻井液技术应用较少。另外，与 FMI 等水基钻井液电成像测井仪器相比，基于这些方法的仪器分辨率较低，需要借助其他测井技术(如声波幅度成像)进行辅助测量，限制了地质解释应用范围。因此，出现了第二代油基钻井液电成像测井仪器，在优化仪器结构、电子线路的基础上，将反演方法应用于地层参数计算中，目的是能够计算出定量的地层电阻率。除了电阻率参数外，还可以提供地层介电常数、极板与地层之间的距离等参数，能够辨别裂缝张开或闭合状态，增强了油基钻井液中电成像测井数据的可靠性，扩大了应用范围。因此，第四章和第五章以第二代油基钻井液电成像测井仪器为基础，重点介绍仪器的工作原理、参数敏感性分析、垂直近似法、反演计算及应用等内容。

4.1 Quanta Geo 仪器工作原理

OBMI 等早期的第一代电成像测井仪器分辨率和井眼覆盖率都较低，采用双级联装置时，井眼覆盖率达到 64%。另外，受仪器制造工艺限制，早期的仪器也容易出现成像失真，信噪比低等缺点。研究表明，在沉积相分析中这些仪器在油基钻井液中的识别效果比水基钻井液电成像的效果小一个数量级。随着大斜井、水平井的日益增多，井况复杂，成像极板的适应能力也受到挑战。因此，需要重新设计极板结构、极板内部电子元件和线路、推靠装置，以适应日趋复杂的井眼环境。斯伦贝谢公司推出了 Quanta Geo 油基电成像测井仪器，本节将重点介绍仪器结构及参数、工作原理和阻抗计算方法。

4.1.1 仪器结构

图 4-1 从 3 个不同的角度给出了 Quanta Geo 仪器图。在仪器设计过程中，考

虑了之前仪器的井眼覆盖率低的缺点，采用了级联装置，上下各装有 4 个极板，如图 4-1 左上图所示。而且为了节约时间，降低成本，推靠臂采用独特的机械设计结构，使得仪器在下井时即可测量，并优化上下极板的间距，距离设置为 3.6ft，为极板数据的深度校正提供保障。图 4-1 右上图给出了仪器在井眼中的放置方式，每个极板的两端通过推靠臂与仪器主体连接，借助推靠臂，极板贴在井壁上测量。图 4-1 下图清晰显示了极板的外形和电极排列。在极板的中心位置是一排纽扣电极，纽扣电极的形状为长方形。在纽扣电极周围紧挨着细长环形的屏蔽电极。与之前的电成像仪器极板不同的是，该仪器将两个电流返回电极对称放在极板上，能够减少在地层界面上出现的"尖峰"现象。除了仪器结构之外，还全面更新了仪器内部的电子设备，比如，提高了电源频率，并且将极板与仪器内部的通信完全数字化，等等。

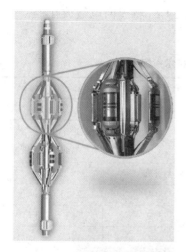

图 4-1 Quanta Geo 仪器图

传统的电成像测井仪器经常与带有居中装置的声波测井仪器串接在一起使用。居中装置容易造成仪器串与井壁的摩擦，出现黏滑现象。该仪器上特有的支撑臂使得仪器在下井时即可测量，其他测井仪器的支撑臂处于关闭状态，此时可以根据该仪器的速度要求来设置下井速度。现场测试表明，仪器下井运动比上井运动平稳，黏滑现象较少，更加有利于深度校正。各个支撑臂可以独立运动，利用转向接头将极板与支撑臂连接在一起。极板可以围绕仪器轴旋转15°，也可以处于倾斜状态，保障仪器在恶劣井况条件下也能使用。另外，测量时，每一个推靠臂还可以测量一个半径值，从而获得井眼直径和井眼形状变化情况。

表4-1给出了Quanta Geo电成像仪器的基本参数。经过如上所述的结构设计，在8in井眼中，井眼覆盖率达到98%，8个极板上共含有192个纽扣电极。纽扣电极尺寸和间隔使得垂向分辨率达到0.24in，基本达到了FMI等水基电成像测井仪器的分辨率，而且水平分辨率更高。Quanta Geo将返回电极放在极板上，探测深度较小，基本反映井壁附近的地层参数。

表4-1　Quanta Geo仪器的技术指标

极板数	8个(上下各4个)	极板数	8个(上下各4个)
每个极板的纽扣电极数量	24个	井眼尺寸	7.5~17in
垂向分辨率	0.24in	钻井液类型	非导电钻井液 (如油基钻井液)
水平分辨率	0.13in		
探测深度	0.2in	最大耐压	25000psi
地层电阻率范围	$0.2 \sim 20000\Omega \cdot m$	最大耐温	350℉(176℃)
井眼覆盖率	98%(8in井眼)	测井方向	向上或向下
测量速度	3600ft/h(采样间隔0.2in) 1800ft/h(采样间隔0.1in)		

4.1.2　测量原理

为了研究Quanta Geo仪器的工作原理、等效模型、地层参数反演等问题，在这里构建与Quanta Geo极板相似的极板结构，如图4-2左图中所示，为了提高数值模拟、数据处理等工作方便性，仍然采用常见的双排纽扣电极，仪器采用环井眼的6个极板，这不影响从原理和方法上介绍该仪器。

水基电成像仪器不同，Quanta Geo仪器的测量过程全部在极板上完成。如图4-2所示，极板上，纽扣电极和返回电极构成单发双收装置。为使电流能够穿过高阻泥饼层，位于极板中心位置的双排纽扣电极，发射兆级频率的电流穿过高阻泥饼层进入地层，回流到位于极板两端对称分布的返回电极。同时，为减少漏电流影响，增加对测量电流的聚焦效果，位于纽扣电极阵列周围的屏蔽电极与纽扣电极等电位发射同频率的电流，同样回流到返回电极。同时测量纽扣电极电位 U、电流 I 的幅度和相位，得到测量总阻抗 Z 为：

$$Z = \frac{U}{I} \tag{4-1}$$

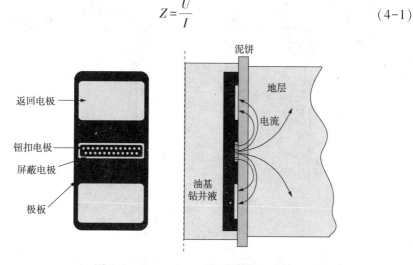

图 4-2　Quanta Geo 工作示意图

测量总阻抗包括纽扣电极与地层之间的泥饼阻抗 Z_m，地层阻抗 Z_f，返回电极与地层之间的泥饼阻抗 Z'_m，以及极板内部电子线路阻抗 Z_T。由于油基钻井液电阻率很高，泥饼阻抗远大于极板内部阻抗。另外，由于返回电极的面积远大于纽扣电极面积，满足 $Z'_m \ll Z_m$。因此，测量总阻抗主要来自纽扣电极与地层之间的泥饼以及地层的贡献，满足：

$$Z = Z_m + Z_f \tag{4-2}$$

在阻抗坐标图中（图 4-3），阻抗 Z、Z_m、Z_f 组成矢量三角形，其中 $\overrightarrow{ON}$、$\overrightarrow{OM}$、$\overrightarrow{MN}$ 分别对应阻抗 Z、Z_m、Z_f。在高频电流影响下，测量阻抗含有实部项和虚部项，因此满足：

$$\mathrm{Re}(Z) = \mathrm{Re}(Z_m) + \mathrm{Re}(Z_f) \tag{4-3}$$
$$\mathrm{Im}(Z) = \mathrm{Im}(Z_m) + \mathrm{Im}(Z_f) \tag{4-4}$$

式（4-3）、式（4-4）中，"Re"是实部符号，"Im"是虚部符号。

4.1.3　垂直处理方法

图 4-3 中，左图对应薄泥饼时的阻抗矢量关系，右图对应厚泥饼时的阻抗矢量关系。为了求取地层阻抗，需要在矢量图中求得 $\overrightarrow{MN}$ 的长度，但是矢量三角形为不规则三角形，无法直接求取。一般情况下，地层阻抗远小于泥饼阻抗，因此在图中用垂直线 $M'N$ 的长度近似表示地层阻抗矢量 $\overrightarrow{MN}$ 的长度，其中 M' 点为 N 点

在泥饼阻抗矢量$\overrightarrow{OM}$的投影点。因此满足：

$$\overrightarrow{OM'} \cdot \overrightarrow{M'N} = 0 \qquad (4-5)$$

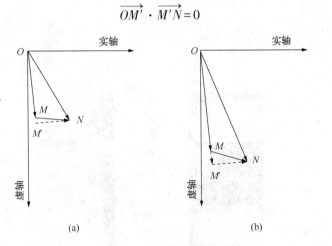

图 4-3 阻抗坐标图

将泥饼阻抗 Z_m 和地层阻抗 Z_f 分别代入式（4-5）中，即：

$$\mathrm{Re}(Z_m)\mathrm{Re}(Z_f) + \mathrm{Im}(Z_m)\mathrm{Im}(Z_f) = 0 \qquad (4-6)$$

纽扣电极与地层之前的泥饼可以等效为一个小圆柱体，泥饼阻抗 Z_m 可以等效为泥饼电阻 r_m 和电容 C_m 的并联，因此有：

$$Z_m = \frac{1}{r_m^{-1} + j\omega C_m}$$

$$r_m = R_m \frac{d_m}{S_b} \qquad (4-7)$$

$$C_m = \frac{\varepsilon_{mr}\varepsilon_0 S_b}{d_m}$$

式中，R_m 是油基钻井液电阻率；d_m 是泥饼厚度；S_b 是纽扣电极面积；ε_{mr} 是油基钻井液相对介电常数；ε_0 是真空介电常数（8.85×10^{-12} F/m）。根据式（4-7）可以得出：

$$\frac{\mathrm{Im}(Z_m)}{\mathrm{Re}(Z_m)} = -\omega R_m \varepsilon_{mr}\varepsilon_0 \qquad (4-8)$$

根据式（4-3）、式（4-4）、式（4-6）、式（4-8）可以得出泥饼阻抗和地层阻抗的实部项和虚部项，即：

$$\mathrm{Re}(Z_m) = \frac{\mathrm{Re}(Z) - \omega R_m \varepsilon_{mr}\varepsilon_0 \mathrm{Im}(Z)}{1 + (\omega R_m \varepsilon_{mr}\varepsilon_0)^2} \qquad [4-9(a)]$$

$$\mathrm{Im}(Z_m) = -\frac{\mathrm{Re}(Z) - \omega R_m \varepsilon_{mr}\varepsilon_0 \mathrm{Im}(Z)}{1 + (\omega R_m \varepsilon_{mr}\varepsilon_0)^2} \cdot \omega R_m \varepsilon_{mr}\varepsilon_0 \qquad [4-9(b)]$$

$$\text{Re}(Z_\text{f}) = \frac{\omega R_\text{m} \varepsilon_\text{mr} \varepsilon_0 \text{Re}(Z) + \text{Im}(Z)}{1 + (\omega R_\text{m} \varepsilon_\text{mr} \varepsilon_0)^2} \omega R_\text{m} \varepsilon_\text{mr} \varepsilon_0 \qquad [4-9(\text{c})]$$

$$\text{Im}(Z_\text{f}) = \frac{\omega R_\text{m} \varepsilon_\text{mr} \varepsilon_0 \text{Re}\text{Re}(Z) + \text{Im}(Z)}{1 + (\omega R_\text{m} \varepsilon_\text{mr} \varepsilon_0)^2} \qquad [4-9(\text{d})]$$

式(4-9)即利用阻抗垂直方法计算得到的泥饼阻抗和地层阻抗。需要注意的是，根据图4-3可以得出，实际的地层阻抗的虚部分量为负数，而阻抗垂直处理过程中，将地层阻抗的虚部分量当作正值，因此，实际的地层阻抗的虚部为：

$$\text{Im}(Z_\text{f}) = -\frac{\omega R_\text{m} \varepsilon_\text{mr} \varepsilon_0 \text{Re}\text{Re}(Z) + \text{Im}(Z)}{1 + (\omega R_\text{m} \varepsilon_\text{mr} \varepsilon_0)^2} \qquad (4-10)$$

参照泥饼阻抗，将地层阻抗也看作是地层等效电阻 r_f 和等效电容 C_f 的并联，因此满足：

$$\frac{1}{r_\text{f}^{-1} + j\omega C_\text{f}} = \text{Re}(Z_\text{f}) + j\text{Im}(Z_\text{f}) \qquad (4-11)$$

引入仪器常数 K，根据式(4-9)、式(4-11)得到地层电阻率 R_f 和地层介电常数 ε_fr 的表达式为：

$$R_\text{f} = \frac{K[\omega R_\text{m} \varepsilon_\text{mr} \varepsilon_0 \text{Re}(Z) + \text{Im}(Z)]}{\omega R_\text{m} \varepsilon_\text{mr} \varepsilon_0} \qquad (4-12)$$

$$\varepsilon_\text{fr} = \frac{1}{K\omega[\omega R_\text{m} \varepsilon_\text{mr} \varepsilon_0 \text{Re}(Z) + \text{Im}(Z)]} \qquad (4-13)$$

式(4-12)即为根据阻抗垂直方法计算得到地层电阻率，可以看出，为了计算地层电阻率，需要的参数有频率、油基钻井液电阻率、油基钻井液介电常数以及测量阻抗。

4.1.4 平行处理方法

上一小节中，采用阻抗垂直处理方法得到地层电阻率计算表达式，可以发现该方法是在地层阻抗远小于泥饼阻抗情况下的近似处理方法。在高阻地层中，该处理方法可能会引入较大的误差，因此需要另外一种处理方法。图4-4给出了单一均匀介质的阻抗模值、实部、虚部和虚部与实部的比值随着地层电阻率的变化情况。可以发现，随着地层电阻率的增加，在较大频率条件下，阻抗实部减小而虚部增加，而且虚部与实部的比值一直增大。因此，在阻抗矢量图中，地层阻抗矢量 $\overrightarrow{MN}$ 将顺时针转动。如图4-5(a)中，矢量 $\overrightarrow{ON}$ 将沿着弧线 $\overparen{NP}$ 转动，最后结果如图4-5(b)所示，此时满足有 $|\overrightarrow{MM'}| \approx |\overrightarrow{MN}|$，$|\overrightarrow{OM'}| \approx |\overrightarrow{ON}|$，即泥饼阻抗、地层阻抗和测量阻抗方向基本一致，此时地层阻抗的实部和虚部分别为：

$$\text{Re}(Z_\text{f}) = \text{Re}(Z) - \frac{r_\text{m}}{1 + (\omega R_\text{m} \varepsilon_\text{mr} \varepsilon_0)^2} \qquad (4-14)$$

$$\mathrm{Im}(Z_\mathrm{f}) = \mathrm{Im}(Z) + \frac{r_\mathrm{m}\omega R_\mathrm{m}\varepsilon_\mathrm{mr}\varepsilon_0}{1+(\omega R_\mathrm{m}\varepsilon_\mathrm{mr}\varepsilon_0)^2} \tag{4-15}$$

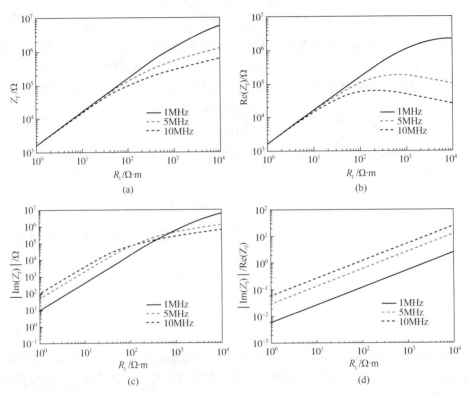

图 4-4 单一均匀介质阻抗响应

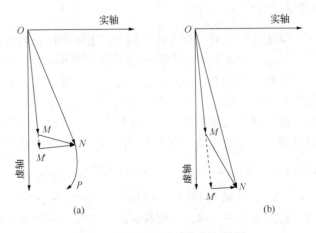

图 4-5 高阻地层中的阻抗矢量图

仿照式(4-11)的处理方式，根据式(4-14)、式(4-15)得到地层电阻率和相对介电常数，即：

$$R_{\mathrm{f}} = K \frac{\left[1+(\omega R_{\mathrm{m}}\varepsilon_{\mathrm{mr}}\varepsilon_0)^2\right]|Z|^2 + r_{\mathrm{m}}^2 + 2r_{\mathrm{m}}\left[\omega R_{\mathrm{m}}\varepsilon_{\mathrm{mr}}\varepsilon_0\mathrm{Im}(Z)\mathrm{Re}(Z)\right]}{(1+(\omega R_{\mathrm{m}}\varepsilon_{\mathrm{mr}}\varepsilon_0)^2)\mathrm{Re}(Z) - r_{\mathrm{m}}} \qquad (4-16)$$

$$\varepsilon_{\mathrm{fr}} = \frac{(K\omega\varepsilon_0)^{-1}\left\{\left[1+(\omega R_{\mathrm{m}}\varepsilon_{\mathrm{mr}}\varepsilon_0)^2\right]\mathrm{Re}(Z) + \omega R_{\mathrm{m}}\varepsilon_{\mathrm{mr}}\varepsilon_0 r_{\mathrm{m}}\right\}}{\left[1+(\omega R_{\mathrm{m}}\varepsilon_{\mathrm{mr}}\varepsilon_0)^2\right]|Z|^2 + r_{\mathrm{m}}^2 + 2r_{\mathrm{m}}\left[\omega R_{\mathrm{m}}\varepsilon_{\mathrm{mr}}\varepsilon_0\mathrm{Im}(Z)\mathrm{Re}(Z)\right]} \qquad (4-17)$$

式(4-16)、式(4-17)即根据阻抗平行处理方法计算地层电阻率和相对介电常数。需要注意的是，以上的垂直处理方法和平行处理方法都是近似方法，其针对对象不同，垂直处理方法是针对低阻地层，平行处理方法是针对高阻地层，且平行处理方法还需要泥饼厚度参数，垂直处理方法中利用泥饼电阻和电容的并联处理，不需要泥饼厚度参数。

一般情况下，Quanta Geo 采用两个电流频率，当地层电阻率小 $10\Omega \cdot \mathrm{m}$ 时，利用较高的电流频率，采用垂直处理方法计算地层电阻率；当地层电阻率大于 $10\Omega \cdot \mathrm{m}$ 且小于 $120\Omega \cdot \mathrm{m}$ 时，利用较低的电流频率，采用垂直处理方法计算地层电阻率；当地层电阻率大于 $120\Omega \cdot \mathrm{m}$ 时，采用较低的电流频率，首先确定出泥饼阻抗，然后从总阻抗中减去泥饼阻抗，即利用平行处理方法计算地层电阻率。在下一节中，将利用数值模拟方法重点研究这两种处理方法的准确性和适用性特点。

4.1.5 加权处理方法

前面提到了垂直处理方法和平行处理方法，这两种方法都具有自己的局限性，垂直处理方法适用于中低阻地层，在高阻地层中的适用性差；平行处理方法适用于高阻地层，在低阻地层中的适用性差。在单一均质地层的响应中（图4-4），测量阻抗大小、阻抗虚部和阻抗虚部和实部的比值都随着地层电阻率的增加而增大，而测量阻抗实部随着地层电阻率增加而先增大后减小。图4-5(a)中，地层阻抗矢量$\overrightarrow{MN}$将顺时针转动，路径大致如弧线$\overset{\frown}{\mathrm{NP}}$所示。

在图4-5(b)中，正交分量$\overrightarrow{M'N}$的大小与地层阻抗的矢量$\overrightarrow{MN}$相差很大，而且正交分量$\overrightarrow{OM'}$的大小也远大于泥饼阻抗矢量$\overrightarrow{OM}$。为了使该方法更具一般性，引入加权系数 α，满足$\overrightarrow{OM} = \alpha\overrightarrow{OM'}$，则：

$$\overrightarrow{ON} = \overrightarrow{MN} + \alpha\overrightarrow{OM'} \qquad (4-18)$$

联立求解式(4-3)~式(4-5)和式(4-18)可以得出：

$$\mathrm{Re}(Z_{\mathrm{f}}) = \frac{(1-\alpha)+(\omega R_{\mathrm{m}}\varepsilon_{\mathrm{mr}}\varepsilon_0)^2}{1+(\omega R_{\mathrm{m}}\varepsilon_{\mathrm{mr}}\varepsilon_0)^2}\mathrm{Re}(Z) + \frac{\alpha\omega R_{\mathrm{m}}\varepsilon_{\mathrm{mr}}\varepsilon_0}{1+(\omega R_{\mathrm{m}}\varepsilon_{\mathrm{mr}}\varepsilon_0)^2}\mathrm{Im}(Z) \qquad (4-19)$$

$$\mathrm{Im}(Z_\mathrm{f}) = \frac{\alpha \omega R_\mathrm{m} \varepsilon_\mathrm{mr} \varepsilon_0}{1+(\omega R_\mathrm{m} \varepsilon_\mathrm{mr} \varepsilon_0)^2} \mathrm{Re}(Z) + \frac{1+(1-\alpha)(\omega R_\mathrm{m} \varepsilon_\mathrm{mr} \varepsilon_0)^2}{1+(\omega R_\mathrm{m} \varepsilon_\mathrm{mr} \varepsilon_0)^2} \mathrm{Im}(Z) \quad (4\text{-}20)$$

当地层电阻率较小时，满足 $\overrightarrow{OM} \approx \overrightarrow{OM'}$，权重系数 $\alpha \approx 1.0$，则式(4-19)和式(4-20)将分别变为式(4-9c)和式(4-9d)。至此，建立了基于权系数的地层阻抗表达式，从而更具一般性地表示出地层电阻率的变化。

选择不同钻井液参数、频率、泥饼厚度等条件利用三维电磁数值模拟方法研究权系数的变化规律，结果如图4-6所示。从图中可以看出，整体上，无论其他参数怎样变化，权系数随着地层电阻率的增加而逐渐减小。当地层电阻率较小时，权系数基本等于1，这与前面的描述一致。而且权系数接近于1时对应的地层电阻率范围大小受多个参数的影响。例如，当频率为20MHz，权系数接近于1时对应的地层电阻率范围为$0.2\sim1\Omega \cdot m$；当频率为5MHz时，权系数接近于1时对应的地层电阻率范围为$0.2\sim10\Omega \cdot m$。当地层电阻率继续增大时，权系数值减小，而且当地层电阻率大小与油基钻井液电阻率相当时，权系数接近于零。

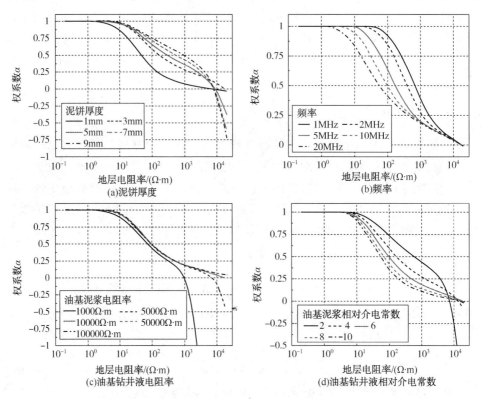

图4-6　不同影响因素下权系数 α 变化曲线

另外，从图 4-6 还可以看出，泥饼厚度等四个参数对权系数的影响规律不尽相同。当地层电阻率小于 $1000\Omega \cdot m$ 时，油基钻井液的电阻率变化对权系数的影响很小；油基钻井液相对介电常数越大，权系数降低程度越快；频率的影响也呈现出与油基钻井液相对介电常数的影响一致的趋势，表明此时泥饼层的电容耦合作用较强。当泥饼厚度较大时，权系数的减小程度变慢，说明此时泥饼层的电容耦合作用减小。以上研究了权系数的变化规律，这为后续基于权系数的地层参数反演奠定了基础。

图 4-7 显示了基于支持向量回归算法寻找权系数值，然后进行加权处理的结果与未加权垂直处理方法的结果对比。首先，根据多参数影响下权系数 α 的变化规律，利用支持向量回归算法寻找到权系数大小，然后将权系数应用到式（4-19）和式（4-20），从而计算出加权处理后的地层视电阻率。图 4-7 中，电流频率分别为 1MHz、10MHz，泥饼厚度分别 3mm、6mm、9mm。可以看出，相比于未加权的垂直处理方法在高阻地层中存在的反转现象（实线），加权处理结果（虚线）能够定量反映出整个范围内（从低阻到高阻）的地层电阻率变化，验证了加权处理方法的准确性。

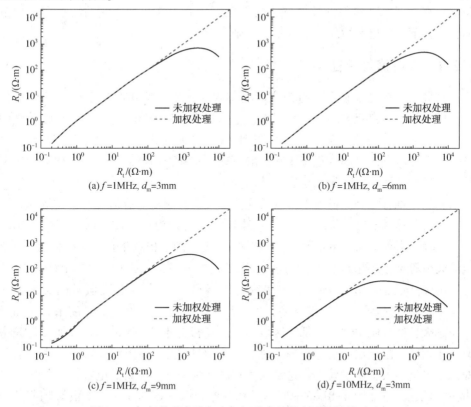

图 4-7　加权处理方法与未加权垂直处理方法的结果对比

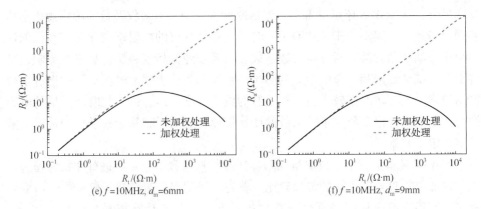

(e) $f=10\text{MHz}$, $d_{\mathrm{m}}=6\text{mm}$　　　　　　(f) $f=10\text{MHz}$, $d_{\mathrm{m}}=9\text{mm}$

图 4-7　加权处理方法与未加权垂直处理方法的结果对比(续)

4.2　仪器响应数值模拟

本节利用有限元数值模拟方法重点研究多参数影响下的仪器电流信号特征，验证垂直处理方法和平行处理方法的准确性，分析这两种方法的特点和适用范围，为接下来地层参数反演研究建立基础。

4.2.1　仪器信号特征

在极板纽扣电极和返回电极之间施加电压激励，测量纽扣电极上的电流信号。电流信号的变化受多个参数影响，包括频率 f、钻井液电阻率 R_{m}、钻井液相对介电常数 $\varepsilon_{\mathrm{mr}}$，泥饼厚度 d_{m}，地层电阻率 R_{t} 和地层相对介电常数 $\varepsilon_{\mathrm{fr}}$ 等。研究多参数下测量电流信号的变化规律和影响机理，有利于选择适合仪器工作的参数范围，为后续仪器响应分析和地层参数反演工作奠定基础。

利用三维有限元数值模拟方法研究多个参数对测量电流信号的影响规律。图 4-8 给出了模拟结果，从图 4-8(a)~图 4-8(e)分别为频率 f、油基钻井液电阻率 R_{m}、油基钻井液相对介电常数 $\varepsilon_{\mathrm{mr}}$、泥饼厚度 d_{m}、地层相对介电常数 $\varepsilon_{\mathrm{fr}}$ 影响下测量电流大小随地层电阻率 R_{t} 的变化曲线。默认模拟条件：$f=1\text{MHz}$，$R_{\mathrm{m}}=10000\Omega\cdot\mathrm{m}$，$\varepsilon_{\mathrm{mr}}=6$，$d_{\mathrm{m}}=1\text{mm}$，$\varepsilon_{\mathrm{fr}}=10$，依次研究每个参数的变化对电流信号的影响。从图 4-8(a)中可以发现，提高频率，电流增大，这有利于电流信号的采集，而且频率越大，曲线倾斜部分向低阻区域偏移，有利于低阻地层的测量，而较低频率有利于表征高阻地层中的电阻率变化。图 4-8(b)表明高阻钻井液电阻率的变化对测量电流的大小影响较小，这是因为在高频影响下，泥饼的电容耦合作用影响占主要地位，正如图 4-8(c)中所示，钻井液介电常数的变化对电流影响非常明显，钻井液介电常数增加，电容耦合作用增强，泥饼阻抗减小，电流增大，地层电阻率敏感性较强的区域向低阻区域延伸，这与频率增加的曲线变化形象不尽相同。频率增加，地层电阻率敏感性区域范围向低阻区域移动，而扩大趋势较小。图 4-8(d) 表明泥饼厚度增加，整体上增大了泥饼阻抗，测量电流减小，地层电阻率敏感范围减小，并向高阻区域移动。图 4-8(e) 表明，在高阻区域必须考虑地层电容耦合作用的影响，地层介电常数增大，电容耦合作用增强，地层电阻率敏感区域减小。

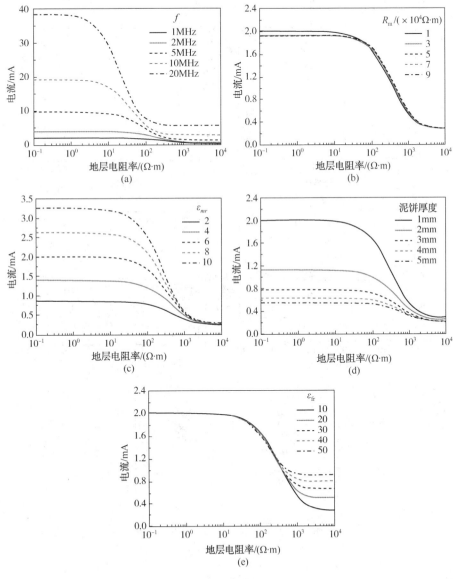

图 4-8　电流敏感性分析

4.2.2　垂直处理方法模拟结果

1. 视地层电阻率和视地层相对介电常数

首先，建立地层模型验证有限元模型准确性。该地层模型中无泥饼，只改变地层电阻率和地层介电常数，油基钻井液电阻率为 $10000\Omega \cdot m$，油基钻井液相对介电常数为 6，频率为 1MHz，模拟结果如图 4-9(a)~图 4-9(e) 所示，分别为

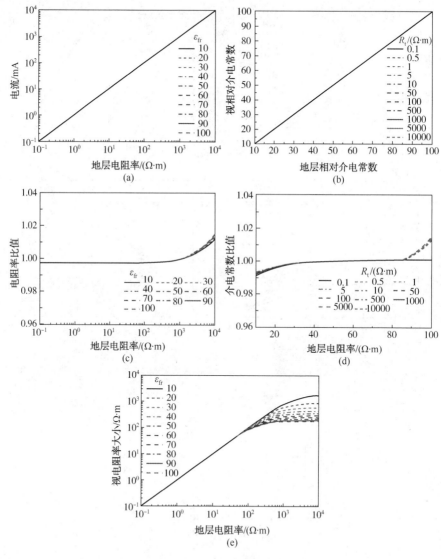

图 4-9　无泥饼时的模拟结果

100

利用 4.1 节中介绍的计算方法得到的视地层电阻率 R_a、视地层相对介电常数 ε_{afr}、地层电阻率比值 R_a/R_t，介电常数比值 $\varepsilon_{afr}/\varepsilon_{fr}$ 以及传统方法计算得的视地层电阻率，从图中可以看出，地层电阻率和地层相对介电常数的计算准确性良好，电阻率比值和介电常数比值都在 1.0 左右，这验证了有限元模型的准确性。另外，图 4-9(e) 中也给出了传统方法计算的地层电阻率，可以发现，即使在无泥饼条件下，地层电容耦合作用严重影响了地层电阻率的计算，这解释了为什么要进行阻抗信号和容抗信号的分离。

图 4-10 给出了利用垂直处理方法计算多个频率下的地层视电阻率 R_a 和视介电常数 ε_{afr}，模拟条件：$f=1\text{MHz}$、2MHz、5MHz、10MHz、20MHz；$R_m=10000\Omega\cdot\text{m}$；$\varepsilon_{mr}=6$，$d_m=6\text{mm}$，地层电阻率 R_t 与地层相对介电常数 ε_{fr} 之间满足经验关系式 $\varepsilon_{fr}=110R_t^{-0.35}$。可以发现垂直处理方法可以很好地用于低阻地层的电阻率计算，如图 4-10(a) 中所示，当 R_t 小于 $10\Omega\cdot\text{m}$ 时，R_a 与 R_t 基本呈线性关系；R_t 大于 $10\Omega\cdot\text{m}$ 时，R_a 与 R_t 的线性关系减弱，而且频率越大，越不利于 R_t 的测量；另外，频率越大，线性区域越小，越不利于高阻地层的测量。图 4-10(b) 给出了视地层相对介电常数 ε_{afr} 随地层介电常数 ε_{fr} 的变化曲线，当介电常数大于 25 时(对应低阻区域)，多个频率下的 ε_{afr} 都可以很好地表示出 ε_{fr} 的变化，两者基本呈线性关系。值得注意的是，两者在数量级上差别较大，在定量计算时，需要进行校正。图 4-10(c) 给出了利用传统方法计算得到的地层视电阻率，可以发现，传统方法不利于低阻地层的电阻率测量，敏感性差，即使将频率提高到 20MHz，在 R_t 小于 $10\Omega\cdot\text{m}$ 时测量效果仍然很差，这充分验证了在低阻地层中应用垂直处理方法的必要性，有利于快速地表示出地层电阻率的变化。图 4-10(d) 还给出了频率为 1MHz 时，地层电阻率与地层相对介电常数不满足经验关系式 $\varepsilon_{fr}=110R_t^{-0.35}$ 时垂直处理方法的计算结果，可以发现，低阻区域的电阻率变化仍然可以很好地表示出来，而且 R_a 与 R_t 之间具有很好的线性关系。

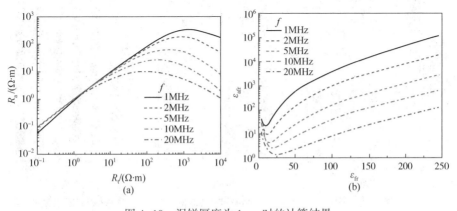

图 4-10　泥饼厚度为 1mm 时的计算结果

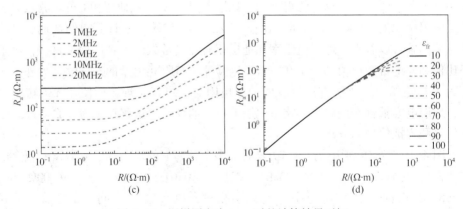

图 4-10　泥饼厚度为 1mm 时的计算结果(续)

2. 模拟成像

为了模拟实际成像效果，开发了层状、裂缝、地层电阻率随机分布等地层模型。在这些模型中，模拟垂直处理方法的实际应用效果，为了对比分析，还给出了传统方法成像。图 4-11(a)~图 4-11(c)分别给出了无泥饼时的传统方法成像、垂直处理方法的视地层电阻率成像和视相对介电常数成像，模拟条件为：$f=$1MHz，$R_m=10000\Omega\cdot m$，$\varepsilon_{mr}=6$。图 4-11 中，亮色表示高值，暗色表示低值。可以发现无泥饼时，视地层电阻率成像与传统方法成像基本一致，都可以表达出地层电阻率的变化。在 0.6m 处，两个高阻层之间的低阻层段在两幅图像中都清晰地显示出来。另外，视相对介电常数图像的颜色亮暗分布与视电阻率图像相反，即高阻区域对应低介电常数，低阻区域对应高介电常数。

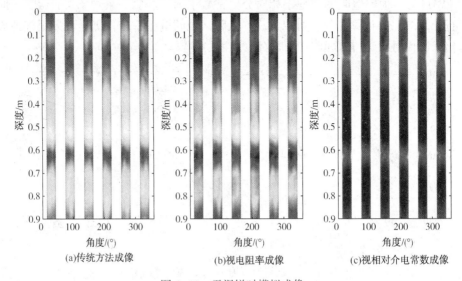

图 4-11　无泥饼时模拟成像

在渗透性地层，井壁上一般都附着泥饼，因此需要重点验证存在高阻泥饼时垂直处理方法的成像效果。建立含有 4 条裂缝的地层模型，裂缝倾角从上到下分别为 60°、30°、0°、90°，$f=1\text{MHz}$，$R_\text{m}=10000\Omega\cdot\text{m}$，$\varepsilon_\text{mr}=6$，$d_\text{m}=1\text{mm}$。首先研究低阻矿物充填裂缝的地层，结果如图 4-12 所示。图 4-12 中从左至右依次为传统电阻率成像，垂直处理方法计算得到的视地层电阻率成像和视地层相对介电常数成像。可以看出，传统成像效果较差，裂缝与地层之间的对比度不明显。垂直处理方法计算得到视地层电阻率图像上可以显示出 4 条裂缝，裂缝轮廓清晰，低阻裂缝与背景地层颜色对比度高。另外，视地层相对介电常数成像中也可以清晰地看到 4 条亮色裂缝。综上所述，垂直处理方法在低阻裂缝地层中具有良好的应用效果。

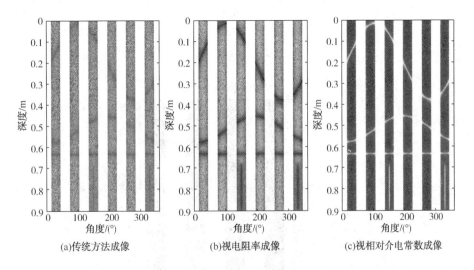

(a)传统方法成像 (b)视电阻率成像 (c)视相对介电常数成像

图 4-12　低阻裂缝成像

进一步研究油基充填的高阻裂缝的成像效果，其他模拟条件与图 4-12 中的一致，成像结果如图 4-13 所示。成像结果表明，当地层中存在高阻裂缝时，垂直处理方法的成像效果要优于传统成像，图 4-13(b)中清晰显示出 4 条高阻裂缝，同时介电常数成像中也显示出 4 条暗颜色的裂缝。另外，此处极板的成像效果不受裂缝倾角的影响，图 4-14 中给出了第 2 章中四端点法在低阻裂缝地层中的成像结果，可以发现，图像底部的垂直裂缝消失，这也验证了本章节中研究的极板对高倾角地质现象进行成像的优点。

虽然垂直处理方法在低阻地层中具有良好的成像效果，但是需要注意的是，垂直处理方法在高阻地层中存在反转现象，容易导致错误的解释结论，因此需要借助其他方法，比如平行处理方法或反演方法来进行高阻地层中的成像。

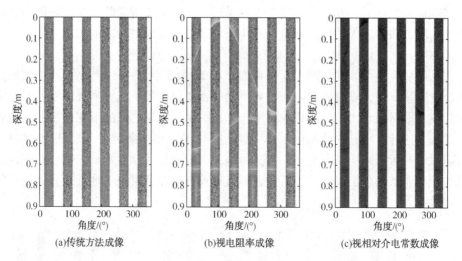

(a)传统方法成像   (b)视电阻率成像   (c)视相对介电常数成像

图 4-13   高阻裂缝成像

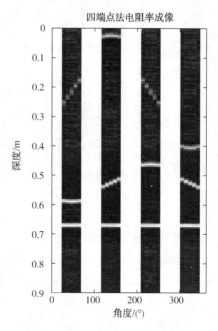

图 4-14   四端点法裂缝成像

4.2.3 平行处理方法模拟结果

1. 视地层电阻率和视地层相对介电常数

图 4-15 给出了利用平行处理方法计算多个频率下的地层视电阻率 R_a 和视相对介电常数 ε_{afr}，模拟条件与图 4-10 的条件一致，即 $f = 1\text{MHz}$、2MHz、5MHz、

10MHz、20MHz；$R_m = 10000\Omega \cdot m$；$\varepsilon_{mr} = 6$；$d_m = 6mm$，地层电阻率 R_t 与地层相对介电常数 ε_{fr} 之间满足经验关系式 $\varepsilon_{fr} = 110R_t^{-0.35}$。可以发现，与垂直处理方法相比，平行处理方法可以很好地用于高阻地层的电阻率计算，如图 4-15(a) 中所示，当 R_t 大于 $100\Omega \cdot m$ 时，R_a 与 R_t 基本呈线性关系，R_t 小于 $100\Omega \cdot m$ 时，曲线线性关系减弱并且发生反转。垂直处理方法中，频率增大不利于 R_t 的测量，而对于平行处理方法，频率增大有利于高阻区域的测量，线性变化区域增大。图 4-15(b) 给出了视地层相对介电常数 ε_{afr} 随地层介电常数 ε_{fr} 的变化曲线，当地层介电常数较小时(对应高阻区域)，ε_{afr} 可以反映出 ε_{fr} 的变化，而且频率增加，反映的介电常数区域扩大。图 4-15(c)、(d) 还分别给出了频率为 1MHz 时，地层电阻率与地层相对介电常数之间不相关时垂直处理方法和平行处理方法的计算结果。对比发现，即使地层电阻率与地层相对介电常数不相关，平行处理方法仍可以很好地反映出高阻地层的电阻率变化，同时，垂直处理方法反映低阻地层的电阻率变化。

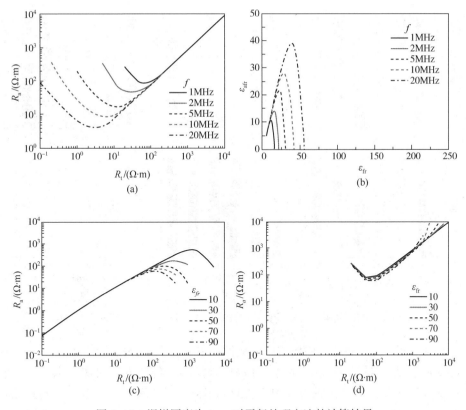

图 4-15　泥饼厚度为 1mm 时平行处理方法的计算结果

2. 模拟成像

分别建立电阻率随机分布的低阻和高阻地层模型，电阻率变化范围分别为 $0.1 \sim 100\Omega \cdot m$ 和 $100 \sim 10000\Omega \cdot m$，地层相对介电常数与地层电阻率满足经验关系式 $\varepsilon_{fr} = 110R_t^{-0.35}$，为了增加对比效果，利用水基钻井液（$R_m = 0.1\Omega \cdot m$）中的成像结果作为参考来验证平行处理方法的应用效果。在油基钻井液井中，$R_m = 10000\Omega \cdot m$，$f = 1MHz$，$\varepsilon_{mr} = 6$，$d_m = 1mm$。图 4-16 给出了低阻地层模型中的成像结果，图 4-16（a）~（f）分别为水基钻井液中的成像，油基钻井液中的传统方法成像，基于垂直处理方法的地层电阻率成像和地层介电常数成像，基于平行处理方法的地层电阻率成像和介电常数成像。从图中可以发现，传统方法成像模糊，难以有效辨识地层电阻率变化，基于垂直处理方法的电阻率成像与水基钻井液中的电阻率成像基本相同，对应的介电常数成像也验证了垂直处理方法的有效性。但是，基于平行处理方法计算得到的电阻率和介电常数出现负值，图像失真 [图 4-16（e）、（f）]，无法辨识地层电阻率的分布特点。

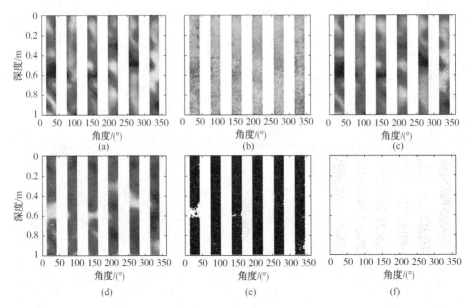

图 4-16　随机低阻地层中垂直处理方法与平行处理方法的成像结果对比

图 4-17 给出了高阻地层模型中的成像结果，各个子图的内容与图 4-16 中各子图对应。从图 4-17 中可以发现，在高阻地层中，传统方法成像与水基钻井液中的成像基本相同，基于垂直处理方法的电阻率图像虽然清晰，但是亮暗区域与水基钻井液中电阻率图像正相反，例如，3 号极板上的 0.4m 位置处，两幅图像分别显示暗色和亮色。基于平行处理方法的电阻率图像与水基钻井液中的成像效果一致。虽然传统方法成像和基于平行处理方法的电阻率成像都与水基钻井液中

的电阻率成像一致，但是传统方法只能定性表征地层电阻率变化，而平行处理方法计算的结果基本可以定量表征地层电阻率变化，从而可以扩大油基钻井液井中的电阻率成像应用范围。

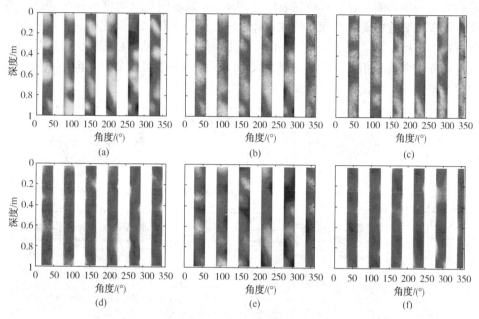

图 4-17　随机高阻地层中垂直处理方法与平行处理方法的成像结果对比

4.3　油基钻井液电成像测井地层信号提取方法的应用

4.3.1　裂缝、取心成像

　　裂缝的准确识别和评价可以为非常规页岩储层评价提供关键信息。开裂缝可以显著提高储层渗透性，即使是闭合裂缝也可以为储层压裂过程提供切入点，影响整个储层渗流网络。以前，在油基钻井液中识别天然裂缝的过程存在两个主要问题，一是受仪器自身分辨率和井眼覆盖率的限制，不能很好地对井周裂缝进行成像，另外一个问题是传统的基于四点法的电成像测井仪器对垂直裂缝或近似垂直裂缝的辨别能力差。

　　在某一天然裂缝页岩储层中，采用 8.5in 钻头，井眼覆盖率达到了 93%，该段储层含有两个页岩段，分别为页岩段 A 和 B，页岩段 A 覆盖在页岩段 B 之上。图 4-18 给出了新型的 Quanta Geo 仪器在页岩段 B 中的成像结果。图 4-18 中，从左至右依次分为自然伽马曲线、深度、基于动态成像结果拾取裂缝结果，裂缝倾斜和走向和清晰的动态成像结果。从图中可以看出，该储层段中存在近似垂直的裂缝，裂缝走向大致为75°~255°。值得注意的是，在高阻油基钻井液环境中，这些天然裂缝大都显示为高阻特性，在图像中显示为亮色。但是，单纯地从电阻率响应还无法判断这些裂缝是开裂缝还是闭合裂缝，需要借助反演或者其他测井数据来进一步判断。进一步研究表明，图4-18显示的裂缝为部分张开裂缝。两个页岩段的裂缝可能具有相似的倾斜和走向，经历了相似的沉积构造，只是在裂缝密度上有所差别。图4-19中显示页岩段A的图像中裂缝数量很少，这是因为在导向井中遇到高角度裂缝的可能性较小，所显示的裂缝倾斜和走向与页岩段B中的基本相同，验证了上述推论。

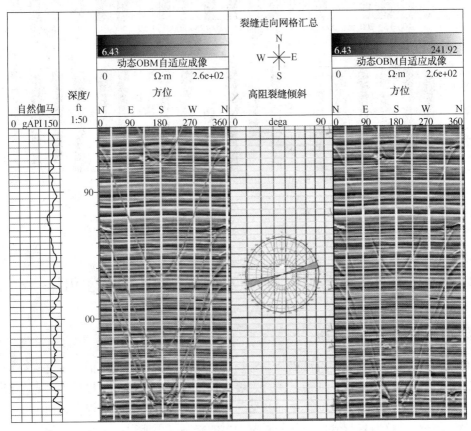

图4-18　Quanta Geo在天然裂缝储层中的成像(页岩段B)

　　另外一个直观的应用是显示出井壁取心的位置。图4-20中，第3道和第5道分别为静态成像和动态成像。图中含有两个井段，在xx22.5ft和xx34ft位置处分别显示出经过取心后留下的圆形孔。取出岩心后，受高阻油基钻井液充填影响，这些孔洞都具有高阻特性，但是受到垂直处理方法在高阻段中存在的反转现象，这些孔洞都显示为低阻特征。通过准确判断出取心位置，则可以精确地将岩性样本的特征应用于储层评价过程中。

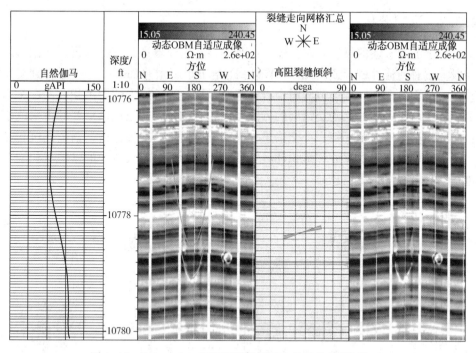

图 4-19　Quanta Geo 在天然裂缝储层中的成像(页岩段 A)

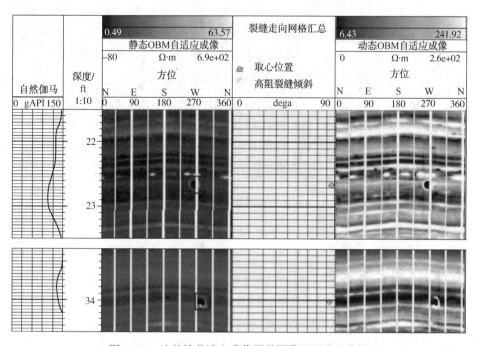

图 4-20　油基钻井液电成像测井图像显示取心位置

4.3.2 沉积分析

对于前面叙述的页岩井段，还可以利用该新型仪器进行沉积分析。在该页岩井段上覆有河流冲刷形成的泥沙。图 4-21 给出了新型 Quanta Geo 仪器得到交错砂体的沉积结构和层理细节，图中有三组交错层，表示通道侧向沉积和两个牵引沉积。图像显示出的这些交错层的方向可以为结构倾斜校正提供重要的古水流信息。图中第三道显示了每一个交错层界面的方位信息。通过分析该清晰的沉积结构图像，可以获得古水流和沉积环境特征，可以为该页岩段所在的盆地沉积演变过程的分析提供重要信息。

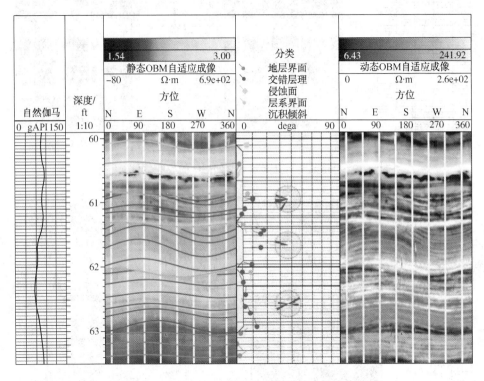

图 4-21　Quanta Geo 在河流冲刷沉积砂中的成像分析

参 考 文 献

[1] Bloemenkamp R, Zhang T, Comparon L, et al. Design and Field Testing of a New High-Definition Microresistivity Imaging Tool Engineered for Oil-Based Mud[C] // SPWLA 55th Annual Logging Symposium. Society of Petrophysicists and Well-Log Analysts, 2014.

[2] Sun J, Gao J, Jiang Y, et al. Resistivity and relative permittivity imaging for oil-based mud: A method and numerical simulation[J]. Journal of Petroleum Science & Engineering, 2016, 147:

24-33.

[3] Gao J, Sun J, Jiang Y, et al. A novel quantitative imaging method for oil-based mud: The full-range formation resistivity [J]. Journal of Petroleum Science & Engineering, 2018, 162: 844-851.

[4] Gao J S, Sun J M, Jiang Y J, et al. Weighted processing for microresistivity imaging logging in oil-based mud using a support vector regression model [J]. Geophysics, 2017, 82 (6): 341-351.

第5章　油基钻井液电成像
测井参数反演

上一章节重点介绍了油基钻井液点成像测井地层信号提取方法，主要基于新型的 Quanta Geo 仪器介绍了垂直处理方法、平行处理方法和加权处理方法在地层电阻率计算过程中的应用。可以发现，垂直处理方法解决了低阻地层的电阻率计算问题，在高阻地层中，地层阻抗矢量和泥饼阻抗矢量不再近似满足垂直关系，处理方法将产生计算误差，甚至出现造成假象的反转现象。平行处理方法适用于高阻地层，在低阻地层中也出现反转现象。加权处理方法能够解决整个范围内的地层电阻率计算问题，需要借助支持向量回归等算法计算出权系数。基于上述原因，本章将重点油基钻井液电成像测井的参数反演方法及应用。首先引出油基钻井液电成像测井反演问题，然后重点介绍基于正演数据库的反演方法和基于支持向量回归算法的反演方法，最后介绍基于反演结果的油基钻井液电成像测井的应用。

5.1　油基钻井液电成像测井反演问题

区别于定性表达地层电阻率的变化，在新一代油基钻井液电成像测井数据处理过程中，引入了地层参数反演方法，从而可以获得准确的地层电阻率，另外，还可以获得地层介电常数和极板与地层之间的距离(简称极板间隔)。其中，地层电阻率图像和极板间距成像的联合使用，解决了油基钻井液井中裂缝识别和开、闭状态判断的难题，反映井眼形状特征，扩展了油基钻井液井中电成像测井的应用范围。本节将重点介绍基于油基钻井液电成像测井的地层参数(地层电阻率、地层介电常数和极板间隔)反演问题，并简要介绍反演方法的基本情况。

5.1.1　问题描述

1. 反演基础

反演是针对正演提出的。正演是首先建立地球物理模型，已知模型参数和边界条件，利用解析法、有限元、有限差分等数值模拟方法得到观测数据；反演是首先建立反演数学物理模型，由观测数据估计地球真实的物理参数，其相互关系如图 5-1 所示。利用数学方式表示为：

$$gm = d \tag{5-1}$$

$$m = g^{-1}d \qquad (5-2)$$

式(5-1)、式(5-2)中，m 为模型参数空间，d 为观测数据空间，g 为正演算子，g^{-1} 为反演算子。

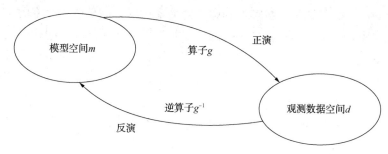

图 5-1　正演和反演关系

反演是以正演为基础，需要多次利用正演模型计算得到的观测数据。地球物理反演的基本过程为：

步骤1：根据经验或其他资料，估算模型参数；

步骤2：采用正演算法计算出估计模型对应的响应值；

步骤3：比较响应值与实际观测数据，如果不能达到精度要求，则返回步骤1重新计算，如果达到精度要求，则输出此时对应的模型参数作为最终的模型参数。

地球物理反演问题的求解可以转化为求解目标函数 O（或代价函数）的最小值或者最大值对应的模型参数作为最佳的模型估计值，即求解实际观测值 d 与正演计算值 gm 的残差平方或二阶范数最小值，即：

$$O = \parallel d - gm \parallel_2 \rightarrow \min \qquad (5-3)$$

2. 油基钻井液电成像测井参数反演问题

受高阻油基钻井液的影响，电成像测井的测量阻抗中，泥饼阻抗占的比重很大，掩盖了地层阻抗信息，尤其是在低阻地层中，测量阻抗基本只反应泥饼阻抗，难以反映出低阻地层电阻率的变化。另外，前面章节中所提到的垂直处理方法或平行处理方法，在已知泥饼电阻率、介电常数和厚度条件下，只能反映出一定范围内的地层电阻率变化。为了能够更好地反映地层电阻率变化，而且有利于地层电阻率的定量计算和其他应用问题，提出油基钻井液电成像测井的参数反演。

油基钻井液电成像测井的参数反演问题主要涉及 6 个参数，即泥饼电阻率、泥饼相对介电常数、泥饼厚度、频率、地层电阻率和地层介电常数。其中，频率在测井时给定，其他五个参数未知。图 5-2 给出了正反演示意图，在已知频率的情况下，由泥饼电阻率、泥饼相对介电常数、泥饼厚度、地层电阻率和地层相对介电常数这个五个参数得到阻抗实部和虚部的过程是正演问题；反之，就是反演

113

问题。其中，在测井之前可以利用其他测量装置测量出油基钻井液在侵入岩石孔隙时形成的泥饼电阻率和相对介电常数，然后经过温度校正后近似等效为井下的泥饼电阻率和相对介电常数，此时，正反演问题归结为泥饼厚度、地层电阻率和地层相对介电常数与测量阻抗实部和虚部的关系。或者提高使用频率的个数，得到双频或多频条件下的阻抗实部和虚部，此时正反演问题归结为泥饼电阻率、泥饼相对介电常数、泥饼厚度、地层电阻率和地层相对介电常数与多个阻抗实部和阻抗虚部的关系。在以后章节中将重点研究这两种情况下的反演问题。正反演过程用数学等式表示为：

$$\{[\mathrm{Re}(Z_{\mathrm{mi}})], [\mathrm{Im}(Z_{\mathrm{mi}})]\} = F(R_{\mathrm{m}}, \varepsilon_{\mathrm{mr}}, standoff, R_{\mathrm{t}}, \varepsilon_{\mathrm{fr}}), \quad i=1, 2, \cdots, N$$
(5-4)

$$(R_{\mathrm{m}}, \varepsilon_{\mathrm{mr}}, standoff, R_{\mathrm{t}}, \varepsilon_{\mathrm{fr}}) = F^{-1}\{[\mathrm{Re}(Z_{\mathrm{mi}})], [\mathrm{Im}(Z_{\mathrm{mi}})]\}, \quad i=1, 2, \cdots, N$$
(5-5)

式(5-4)表示正演过程，F 称为正演算子；式(5-5)表示反演过程，F^{-1} 称为反演算子。圆括号的五个符号依次表示为泥饼电阻率，泥饼相对介电常数，泥饼厚度，地层电阻率，地层相对介电常数。N 表示使用频率 f 的个数，$[\mathrm{Re}(Z_{\mathrm{mi}})]$，$[\mathrm{Im}(Z_{\mathrm{mi}})]$ 分别表示在 N 个频率条件下测量得到的阻抗实部序列和阻抗虚部系列。

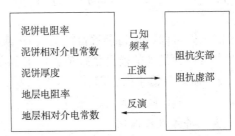

图 5-2　油基钻井液电成像测井正反演示意图

5.1.2　反演方法概述

最早，牛顿发明了最小二乘法，利用曲线拟合观测数据，这实质上就是进行参数反演，由此奠定了现代反演方法的基础。在基于最小二乘法的反演过程中，当方程为超定(方程个数多于未知量个数)或欠定(方程个数少于未知量个数)时，不能得到满意的反演结果。随后，1963 年马奎特(Marguadt)引入阻尼因子，对最小二乘法进行改进，形成阻尼最小二乘反演，取得了良好的应用效果，随后发展了广义逆法、奇异值分解法、代数重构法和正则化方法等。除了代数重构方法，以上各种方法都基于要求计算所得数据与观测数据的偏差最小来反演地层参数。

另外，由于模型的简化，实际观测数据受环境噪声的影响，地球物理反演具有多解性和不稳定性两大问题。通常，利用扩大观测范围和施加约束来解决反演的多解性问题，利用正则化方法解决反演中的不稳定问题。反演所用到的模型可以分为线性模型和非线性模型，然而地球物理模型大多是非线性的，因此需要解决非线性反演问题。目前主要有两种方法，一种是采用非启发式方法，将非线性问题转化为线性问题，包括 Taylor 级数展开法，阻尼最小二乘法等，另一种是采用启发式方法，将非线性问题转化为优化问题，包括人工神经网络、差分进化、模拟退火法、遗传算法、微粒群算法等。另外，非线性反演问题还分为连续反演和离散反演，通常，地球物理问题通常只能得到离散的数值解，无法得到解析表达式，因此通常将连续问题离散化，转化为离散反演问题。

在电法测井反演中，经常使用的反演方法有阻尼最小二乘法、广义逆和奇异值分解法、born 方法、智能优化方法和联合、约束反演方法等。在阵列侧向测井中还应用到了基于查表法的实时反演方法。在本章中，主要讲述基于正演数据库的反演方法和智能算法中的支持向量回归算法在油基钻井液电成像测井参数反演中的应用。

5.2 基于正演数据库的反演方法

常规的非线性反演算法需要计算 Jacobi 矩阵，在每一次反演迭代中的计算数据量比较大。本小节介绍一种基于正演数据库的反演方法，将正演数据库和直接搜索算法结合起来用于油基钻井液电成像测井参数反演过程中。

5.2.1 多维插值算法

如 5.1.1 中所述，油基钻井液电成像测井响应受到井眼条件、信号频率和地层条件等因素的影响，测量结果是多个因素共同作用的结果，难以建立起有效的解析表达式，因此需要采用有限元方法计算出参数影响下的测量响应，形成多参数的正演数据库。多维插值算法是由最基本的一维插值算法推广而来，其基本思想是利用多维空间将参数系统离散化，一个维度表示一个影响参数，空间中每一点包含多个影响因素值及其系统输出值，进行多维插值计算寻找未知条件下的系统响应映射，即利用多维插值算法在正演数据库中寻找某一组参数条件下的测量响应。以下详细介绍多维数据插值计算的具体过程。

多维输入数据插值计算可描述为：

存在 N 个 M 维输入数据序列 $X_i = (x_{i,1}, x_{i,2}, \cdots, x_{i,M})$ 及其对应的输出数据序列 Y_i。计算输入数据为 $X = (x_1, x_1, \cdots, x_M)$ 时的输出数据 $Y = f(X)$，其中：$i = 1, 2, \cdots, N$；数据序列 X_i 已经按 $x_{i,1}, x_{i,2}, \cdots, x_{i,M}$ 顺序从小到大排序；Y_i 是一维或多维的输入数据 X_i 函数变量，满足 $Y_i = f(X_i)$。

多维输入数据插值计算不仅需要在 N 个数据序列中第一维输入数据 $x_{i,1}(i=1,2,\cdots,N)$ 中查找到数据序列序号 $s^{(1,i)}(i=1,2)$ 使满足：

$$x_{s(1,1),1} \leqslant x_0 < x_{s(1,2),1} \tag{5-6}$$

还需要继续在第一维输入数据 $x_{i,1}(1,2,\cdots,N)$ 中查找到序号 $s^{(1,1)}$ 和 $s^{(1,2)}$ 下分支的数据序列 $s^{(2,i)}(i=1,2,3,4)$，使得：

$$x_{s(2,i),j} = x_{s(1,i/2),j} \quad (i=1,2,3,4;j=1) \tag{5-7}$$

且：

$$x_{s(2,i),j} \leqslant x_j < x_{s(2,i+1),j} \quad (i=1,2;j=2) \tag{5-8}$$

直到在第 M 维输入数据 $x_{i,M}(i=1,2,\cdots,N)$ 中查找到各分支的数据序列号 $s^{(M,i)}(i=1,2,3,\cdots,2^M)$，使得：

$$x_{s(M,i),j} = x_{s(M-1,i/2),j} \quad (i=1,2,\cdots,2^M;j=1,2,\cdots,M-1) \tag{5-9}$$

且：

$$x_{s(M,i),j} \leqslant x_j < x_{s(M,i+1),j} \quad (i=1,2,\cdots,2^M-1;j=M) \tag{5-10}$$

在此基础上，自第 M 维向第 $M-1$ 维，再向 $M-2$ 维，$\cdots$，直到第一维进行插值计算：

$$Y^{(j,i/2)} = (x_j - x_{s(j,i),j})\frac{Y_{s(j,i+1)} - Y_{s(j,i)}}{x_{s(j,i+1),j} - x_{s(j,i),j}} \quad (i=1,2,\cdots,2^M-1;j=M) \tag{5-11}$$

$$Y^{(j,i/2)} = (x_j - x_{s(j,i),j})\frac{Y_{s(j+1,i+1)} - Y_{s(j+1,i)}}{x_{s(j,i+1),j} - x_{s(j,i),j}} \quad (i=1,2,\cdots,2^{j+1}-1;j=M-1,\cdots,1) \tag{5-12}$$

最后的插值计算结果为 $Y = Y^{(1,1)}$。

图 5-3 给出四维输入数据插值示例，求解 $Y(1.5,2.5,3.5,4.5)$，为便于说明原理，假设数据集中 X 的各维数据取值均为整数。

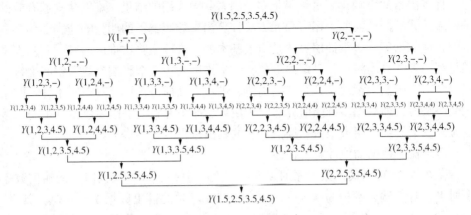

图 5-3　四维数据插值实例

5.2.2 三次样条插值算法

在多维插值过程中，插值算法的选择将影响插值结果的准确性。三次样条插值算法在工程数据处理中应用广泛，因此，本小节重点介绍三次样条插值算法的原理和过程。

首选将插值区间 $[a, b]$ 划分为 n 个子区间，共有 $n+1$ 个端点满足且满足 $a = x_0 < x_1 < \cdots < x_{n-1} < x_n = b$，函数 $f(x)$ 在该区间上各端点有函数值 $f(x_i)$ $(i = 1, 2, \cdots, n)$。在区间上寻找三次样条函数 $S(x)$，满足：

（1）在每一个子区间 $[x_{i-1}, x_i]$ $(i = 1, 2, \cdots, n)$ 上，$S(x)$ 都是三次多项式；

（2）在整个区间 $[a, b]$ 上，$S(x)$ 为二阶连续可导函数，即在每个节点 x_i $(i = 1, 2, \cdots, n-1)$ 位置处，满足 $S^{(k)}(x_i - 0) = S^{(k)}(x_i + 0)$，$k = 0, 1, 2$；

（3）$S(x_i) = f(x_i)$ $(i = 1, 2, \cdots, n)$。

在子区间 $[x_{i-1}, x_i]$ 上，$S(x)$ 的二次导数、一次导数和原函数分别表示为：

$$S''(x) = M_{i-1} \frac{x_i - x}{h_i} + M_i \frac{x - x_i}{h_i} \tag{5-13}$$

$$S'(x) = -M_{i-1} \frac{(x_i - x)^2}{2h_i} + M_i \frac{(x - x_{i-1})^2}{2h_i} + A_i \tag{5-14}$$

$$S(x) = M_{i-1} \frac{(x_i - x)^3}{6h_i} + M_i \frac{(x - x_{i-1})^3}{6h_i} + A_i x + B_i \tag{5-15}$$

式（5-13）~ 式（5-15）中，

$$A_i = \frac{f(x_i) - f(x_{i-1})}{h_i} - \frac{h_i(M_i - M_{i-1})}{6} \tag{5-16}$$

$$B_i = \left[\frac{f(x_{i-1})}{h_i} - \frac{h_i M_{i-1}}{6} \right] x_i + \left[-\frac{y_i}{h_i} + \frac{h_i M_i}{6} \right] x_{i-1} \tag{5-17}$$

$$h_i = x_{i+1} - x_i \tag{5-18}$$

根据一阶导数连续条件 $S'(x_i - 0) = S'(x_i + 0)$，可以得到 M 连续方程，即：

$$\mu_i M_{i-1} + 2M_i + \lambda_i M_{i+1} = d_i, \ i = 1, 2, \cdots, n-1 \tag{5-19}$$

其中，

$$\begin{cases} \lambda_i = \dfrac{h_{i+1}}{h_i + h_{i+1}} \\ \mu_i = 1 - \lambda_i \\ d_i = 6f[x_{i-1}, x_i, x_{i+1}] \end{cases} \tag{5-20}$$

根据边界条件 $M_0 = f''(x_0) = S''(x_0)$，$M_n = f''(x_n) = S''(x_n)$，及 M 连续方程得到完整的连续方程，即：

$$\begin{bmatrix} 2 & \lambda_0 & & & \\ \mu_1 & 2 & \lambda_1 & & \\ \ddots & \ddots & \ddots & & \\ & \mu_{n-1} & 2 & \lambda_{n-1} \\ & & \mu_n & 2 \end{bmatrix} \begin{bmatrix} M_0 \\ M_1 \\ \vdots \\ M_{n-1} \\ M_n \end{bmatrix} = \begin{bmatrix} d_0 \\ d_1 \\ \vdots \\ d_{n-1} \\ d_n \end{bmatrix} \qquad (5-21)$$

利用追赶法求解上述矩阵方程，得到系数 $M_i(i=0,1,\cdots,n)$，代入方程即可得到三次样条函数 $S(x)$。

将多维插值算法应用于油基钻井液电成像测井响应计算中，选择三个参数变量分别为泥饼厚度、油基钻井液电阻率和地层电阻率，泥饼厚度变化范围小于 10mm，油基钻井液电阻率范围为 $100\sim10000\Omega\cdot m$，地层电阻率范围为 $0.2\sim20000\Omega\cdot m$，三个参数的样本点分别为 5 个、7 个和 16 个，电流频率为 1MHz，油基钻井液相对介电常数为 6，地层相对介电常数为 10。表 5-1 给出了 24 组随机变化的三个参数对应下的电流实部和虚部插值结果。从表 5-2 中可以看出，以实际数值模拟结果为标准，插值计算结果最大相对误差控制在 6%以下，说明了多维插值算法的有效性。为了进一步减小插值结果的误差，可以增加参数变量的样本点数量。表 5-2 给出了另外一组三参数插值结果，选择的三个参数分别为泥饼厚度、地层电阻率和地层相对介电常数，地层相对介电常数的范围为 $1\sim80$，样本点数量为 7 个，其他条件与表 5-1 相同。从表 5-2 可以看出，以实际数值模拟结果为标准，插值计算结果的相对误差都在 5%以下。

表 5-1　电流实部和虚部插值结果

泥饼厚度/mm	油基钻井液电阻率/$(\Omega\cdot m)$	地层电阻率/$(\Omega\cdot m)$	电流实部/A	实部插值结果/A	实部相对误差	电流虚部/A	虚部插值结果/A	虚部相对误差
1.2	1599.4	0.7	3.03×10^{-3}	2.95×10^{-3}	2.6	1.60×10^{-3}	1.56×10^{-3}	2.66
3.2	2033.1	0.2	9.41×10^{-4}	9.59×10^{-4}	1.97	6.38×10^{-4}	6.5×10^{-4}	1.97
5.5	2390.2	1498.2	2.33×10^{-4}	2.32×10^{-4}	0.63	1.9×10^{-4}	1.93×10^{-4}	1.36
3.5	147.1	0.5	1.17×10^{-2}	1.23×10^{-2}	5.56	5.63×10^{-4}	5.93×10^{-4}	5.4
2.8	287	20	5.54×10^{-3}	5.48×10^{-3}	1.17	4.15×10^{-4}	4.08×10^{-4}	1.64
1	6709.3	4	8.16×10^{-4}	8.26×10^{-4}	1.16	1.75×10^{-3}	1.76×10^{-3}	0.78
1.4	4483.7	28.7	9.6×10^{-4}	9.29×10^{-4}	3.24	1.21×10^{-3}	1.15×10^{-3}	4.96
5.7	1193.1	7149.4	1.88×10^{-4}	1.9×10^{-4}	1.46	2.37×10^{-4}	2.38×10^{-4}	0.47
2	9823.6	1.6	3.08×10^{-4}	3.06×10^{-4}	0.49	9.94×10^{-4}	9.88×10^{-4}	0.68
3.2	143.3	4.2	1.18×10^{-2}	1.18×10^{-2}	0.34	5×10^{-4}	4.98×10^{-4}	0.41
1.4	768	10.7	4.68×10^{-3}	4.55×10^{-3}	2.68	1.06×10^{-3}	1.03×10^{-3}	3.39
3.3	409.9	2.2	4.39×10^{-3}	4.51×10^{-3}	2.84	5.85×10^{-4}	6×10^{-4}	2.53

泥饼厚度/mm	油基钻井液电阻率/(Ω·m)	地层电阻率/(Ω·m)	电流实部/A	实部插值结果/A	实部相对误差	电流虚部/A	虚部插值结果/A	虚部相对误差
1.9	1040	6.4	2.79×10^{-3}	2.81×10^{-3}	0.53	9.23×10^{-4}	9.22×10^{-4}	0.03
5.1	1050.9	45.3	1.19×10^{-3}	1.19×10^{-3}	0.26	3.67×10^{-4}	3.67×10^{-4}	0.05
1.5	4317.7	2.8	8.95×10^{-4}	8.82×10^{-4}	1.42	1.27×10^{-3}	1.24×10^{-3}	1.79
1.5	1943.7	1.9	1.94×10^{-3}	1.96×10^{-3}	0.77	1.24×10^{-3}	1.25×10^{-3}	0.66
2.2	571.8	2.7	4.53×10^{-3}	4.47×10^{-3}	1.37	8.38×10^{-4}	8.22×10^{-4}	1.9
5.6	1163.2	2.8	1.12×10^{-3}	1.13×10^{-3}	0.19	4.33×10^{-4}	4.33×10^{-4}	0.07
1.2	502.9	30.2	6.05×10^{-3}	5.80×10^{-3}	4.09	6.88×10^{-4}	6.64×10^{-4}	3.43
7.7	7551	7.2	1.34×10^{-4}	1.39×10^{-4}	4.03	3.32×10^{-4}	3.45×10^{-4}	3.83
5.5	5647.9	8278.1	6.99×10^{-5}	7.13×10^{-5}	1.91	1.90×10^{-4}	1.92×10^{-4}	1.02
2.9	1259.8	28.3	1.50×10^{-3}	1.49×10^{-3}	0.46	5.57×10^{-4}	5.49×10^{-4}	1.55
2.6	1757.7	1.7	1.33×10^{-3}	1.31×10^{-3}	1.01	7.72×10^{-4}	7.64×10^{-4}	1.1
2.7	1493.1	6690.1	9.53×10^{-5}	9.91×10^{-5}	4.06	2.31×10^{-4}	2.29×10^{-4}	0.54

表5-2 电流实部和虚部插值结果

泥饼厚度/mm	地层电阻率/(Ω·m)	地层相对介电常数	电流实部/A	实部插值结果	实部相对误差	电流虚部/A	虚部插值结果	虚部相对误差
8.6	0.5	15.4	1.01×10^{-4}	1×10^{-4}	1.23	3.38×10^{-4}	3.33×10^{-4}	1.23
2.6	4.1	19.6	2.36×10^{-4}	2.37×10^{-4}	0.47	7.63×10^{-4}	7.65×10^{-4}	0.19
1.3	2,023.5	5.7	2.12×10^{-4}	2.02×10^{-4}	4.73	1.64×10^{-4}	1.6×10^{-4}	2.33
1.8	0.3	5	3.29×10^{-4}	3.31×10^{-4}	0.44	0.001096	1.1×10^{-3}	0.38
2.5	8816.6	75.9	1.24×10^{-4}	1.22×10^{-4}	1.07	5.72×10^{-4}	5.68×10^{-4}	0.65
3.7	896.8	1.2	2.5×10^{-4}	2.59×10^{-4}	3.8	2.02×10^{-4}	2.10×10^{-4}	4.27
1.8	55.5	48.4	4.35×10^{-4}	4.22×10^{-4}	2.92	9.86×10^{-4}	9.54×10^{-4}	3.18
1.6	39.4	1.5	4.53×10^{-4}	4.59×10^{-4}	1.36	0.001076	1.07×10^{-3}	0.19
1.9	108.4	4.3	4.59×10^{-4}	4.55×10^{-4}	0.94	8.17×10^{-4}	8.02×10^{-4}	1.88
2	80.7	19.7	4.13×10^{-4}	4.02×10^{-4}	2.53	8.44×10^{-4}	8.17×10^{-4}	3.27
2.5	2.9	1.8	2.44×10^{-4}	2.42×10^{-4}	0.7	7.97×10^{-4}	7.88×10^{-4}	1.02
3.1	55.7	23.6	2.49×10^{-4}	2.5×10^{-4}	0.26	6.22×10^{-4}	6.23×10^{-4}	0.04
1.6	984.4	38.5	2.12×10^{-4}	2.14×10^{-4}	0.95	5.53×10^{-4}	5.43×10^{-4}	1.85
2.3	3.3	3.1	2.64×10^{-4}	2.63×10^{-4}	0.47	8.6×10^{-4}	8.52×10^{-4}	0.88
1.7	4.4	12.8	3.49×10^{-4}	3.47×10^{-4}	0.6	1.12×10^{-3}	1.1×10^{-3}	0.99
1.9	1344.4	10.7	2.23×10^{-4}	2.13×10^{-4}	4.68	2.56×10^{-4}	2.61×10^{-4}	1.65

泥饼厚度/mm	地层电阻率/(Ω·m)	地层相对介电常数	电流实部/A	实部插值结果	实部相对误差	电流虚部/A	虚部插值结果	虚部相对误差
1.8	5.5	3.2	3.42×10^{-4}	3.41×10^{-4}	0.33	1.08×10^{-3}	1.07×10^{-3}	0.87
8.7	152.1	1.7	1.27×10^{-4}	1.26×10^{-4}	0.82	3.11×10^{-4}	3.06×10^{-4}	1.64
2.1	108.1	16.9	4.05×10^{-4}	3.95×10^{-4}	2.5	7.61×10^{-4}	7.41×10^{-4}	2.63
7.3	346	10.9	1.41×10^{-4}	1.4×10^{-4}	1.03	2.75×10^{-4}	2.76×10^{-4}	0.61
6.9	496.7	17.1	1.34×10^{-4}	1.34×10^{-4}	0.21	2.61×10^{-4}	2.64×10^{-4}	1.14
6	302	10.8	1.7×10^{-4}	1.66×10^{-4}	2.12	3.18×10^{-4}	3.16×10^{-4}	0.64
1.8	10639	23.6	6.24×10^{-5}	6.32×10^{-5}	1.35	4.05×10^{-4}	3.97×10^{-4}	1.96
1.1	703.8	77.8	3.09×10^{-4}	3.1×10^{-4}	0.52	9.89×10^{-4}	9.84×10^{-4}	0.49
2.5	3	2.6	2.42×10^{-4}	2.42×10^{-4}	0.23	7.91×10^{-4}	7.87×10^{-4}	0.57
2	0.8	1.6	3.01×10^{-4}	2.98×10^{-4}	1.04	9.98×10^{-4}	9.86×10^{-4}	1.13
1.5	35.6	1.3	4.91×10^{-4}	4.98×10^{-4}	1.28	1.18×10^{-3}	1.17×10^{-3}	0.87
2.5	39.3	5.9	2.9×10^{-4}	2.91×10^{-4}	0.4	7.52×10^{-4}	7.43×10^{-4}	1.12
2.8	11.3	28.4	2.31×10^{-4}	2.3×10^{-4}	0.21	7.15×10^{-4}	7.11×10^{-4}	0.57
4.6	408.4	15.7	1.96×10^{-4}	1.98×10^{-4}	0.92	3.28×10^{-4}	3.41×10^{-4}	4.20

另外，选择更多维参数，即油基钻井液电阻率范围1000~10000Ω·m，油基钻井液相对介电常数范围为2~20，泥饼厚度范围1~10mm，地层电阻率范围为0.2~20000Ω·m，地层相对介电常数范围为1~80，这五个参数在各自的范围内的采样点分别为6个、5个、5个、16个和7个，组成6×5×5×16×7的五维矩阵，共16800个数据点。电流频率为1MHz，表5-3给出了五维数据的插值结果。与三维数据插值结果类似，表5-3中24组数据的插值结果误差基本在5%以下，说明了多维插值算法的有效性，这为基于正演数据库的反演方法奠定基础。

表5-3 电流实部和虚部插值结果

油基钻井液电阻率/(Ω·m)	油基钻井液相对介电常数	泥饼厚度/mm	地层电阻率/(Ω·m)	地层相对介电常数	电流实部/A	实部插值结果/A	实部相对误差/%	电流虚部/A	虚部插值结果/A	虚部相对误差/%
3819.1	13.2	8.6	37.2	6.4	2.97×10^{-4}	2.97×10^{-4}	0.21	7.12×10^{-4}	6.95×10^{-4}	2.39
3885.1	14.2	2.6	29	11	7.65×10^{-4}	7.74×10^{-4}	1.23	1.63×10^{-3}	1.6×10^{-3}	1.91
6608.7	9.1	1.3	2676.7	62.2	1.96×10^{-4}	1.94×10^{-4}	1.2	1.02×10^{-3}	9.73×10^{-4}	4.94
5869.9	8.6	1.8	0.5	6.2	5.62×10^{-4}	5.65×10^{-4}	0.53	1.57×10^{-3}	1.58×10^{-3}	0.38
3550.9	19.8	2.5	0.9	74.3	7.04×10^{-4}	7.07×10^{-4}	0.47	2.68×10^{-3}	2.68×10^{-3}	0.19

油基钻井液电阻率/（Ω·m）	油基钻井液相对介电常数	泥饼厚度/mm	地层电阻率/（Ω·m）	地层相对介电常数	电流实部/A	实部插值结果/A	实部相对误差/%	电流虚部/A	虚部插值结果/A	虚部相对误差/%
1694.2	17.9	1.8	18	21.6	2.15×10⁻³	2.11×10⁻³	1.80	2.78×10⁻³	2.67×10⁻³	3.93
2934.2	3.8	1.6	0.4	21.3	1.19×10⁻³	1.21×10⁻³	1.1	7.35×10⁻⁴	7.42×10⁻⁴	1.07
1446.3	6.7	1.3	19.8	18.6	2.73×10⁻³	2.73×10⁻³	0.08	1.27×10⁻³	1.25×10⁻³	1.58
8588.1	8	1.9	86.2	2.2	5.88×10⁻⁴	6.03×10⁻⁴	2.48	1.1×10⁻³	1.06×10⁻³	3.13
4787.2	14.2	2	24.3	1.8	8.73×10⁻⁴	8.65×10⁻⁴	1.01	2.13×10⁻³	2.06×10⁻³	3.46
3003.1	4.5	2.5	384.9	79.7	5.1×10⁻⁴	5.06×10⁻⁴	0.84	4.79×10⁻⁴	4.77×10⁻⁴	0.42
2815.4	15	3.1	276	2.1	8.29×10⁻⁴	7.97×10⁻⁴	3.81	5.86×10⁻⁴	5.58×10⁻⁴	4.84
1140	3.9	1.2	5.8	1.2	3.99×10⁻³	3.86×10⁻³	3.34	9.39×10⁻⁴	9.05×10⁻⁴	3.67
4474.7	13.8	1.8	28.8	11.7	1.02×10⁻³	1.04×10⁻³	1.18	2.18×10⁻³	2.12×10⁻³	2.58
1097.7	10.9	5.8	0.2	47.7	1.14×10⁻³	1.15×10⁻³	1.05	7.60×10⁻⁴	7.68×10⁻⁴	1.03
3146.2	14.9	7.7	1.4	2.3	3.21×10⁻⁴	3.32×10⁻⁴	3.59	8.28×10⁻⁴	8.57×10⁻⁴	3.53
1236.8	18.3	5	0.7	5	1.13×10⁻³	1.18×10⁻³	4.25	1.41×10⁻³	1.47×10⁻³	4.18
6035.5	18	2.9	14.6	7.5	4.99×10⁻⁴	5.08×10⁻⁴	1.88	2.02×10⁻³	2.01×10⁻³	0.43
4890.8	14.6	1.7	56.2	2	1.25×10⁻³	1.24×10⁻³	0.81	2.09×10⁻³	2.03×10⁻³	2.65
1390	5.6	2.7	10	42.5	1.54×10⁻³	1.54×10⁻³	0.05	6.32×10⁻⁴	6.3×10⁻⁴	0.35
4260.1	2.5	8.3	11459.9	16.9	1.43×10⁻⁴	1.36×10⁻⁴	4.89	1.44×10⁻⁴	1.42×10⁻⁴	1.48
3125.1	15.4	3.3	7992.6	5.2	6.13×10⁻⁵	6.46×10⁻⁵	5.48	1.47×10⁻⁴	1.54×10⁻⁴	4.64
8481.1	11	3.1	0.4	2.3	2.33×10⁻⁴	2.35×10⁻⁴	1	1.2×10⁻³	1.21×10⁻³	0.89
4161.9	10.6	1.7	978	6.5	4.06×10⁻⁴	3.97×10⁻⁴	2.28	2.08×10⁻⁴	2.18×10⁻⁴	5

5.2.3 曲面拟合处理方法

采用多维插值算法初步解决了反演问题中需要进行的正演计算，需要注意的是，使用多维插值算法的前提是已经具备多参数条件下的大批量正演数据，而且为了保证插值结果的准确性，正演数据采样点越密集越好，这进一步增加了正演数据数量，为此需要寻找数据压缩方法以减小数据量。数值逼近是一种利用各种简单函数(特别是多项式或分段多项式)为各种离散数据组建连续模型的数学方法。离散数据的曲面拟合是函数逼近理论中的重要内容，在图形图像处理、模式识别、计算机辅助设计、工程应用等领域中具有重要作用。为此，本小节介绍基于最小二乘法的油基钻井液电成像测井的三维离散数据多项式曲面拟合算法，将三维离散数据转化为多项式系数，从而压缩数据量。

假设一个已知的三维离散数据样本空间$(x_i,\ y_i,\ z_i)$，$i=1,\ 2,\ \cdots,\ n$，n为样本数据的个数，构建多项式曲面模型，使其满足：

$$z_i = f(x_i,\ y_i) + \varepsilon_i \tag{5-22}$$

式(5-22)中，$\varepsilon_i(i=1,\ 2,\ \cdots,\ n)$，表示第$i$个样本数据的拟合误差。多项式函数$f(x,\ y)$表示为：

$$f(x_i,\ y_i) = a_0 + a_1 x_i + a_2 y_i + a_3 x_i^2 + a_4 x_i y_i + a_5 y_i^2 + \cdots$$
$$+ a_{m-p-1} x_i^p + a_{m-p} x_i^{p-1} y_i + \cdots a_{m-2} x_i y_i^{p-1} + a_{m-1} y_i^p \tag{5-23}$$

式中，p为多项式的次数；$a_j(j=0,\ 1,\ \cdots,\ m-1)$为多项式中各项系数；$m$与$p$之间的关系可表示为：

$$m = \frac{(p+1)(p+2)}{2} \tag{5-24}$$

式(5-23)利用矩阵的形式可表示为：

$$Z = AX + \varepsilon \tag{5-25}$$

式(5-25)中，满足：

$$Z = \begin{bmatrix} z_1 \\ z_2 \\ \vdots \\ z_n \end{bmatrix},\ A = \begin{bmatrix} 1 & x_1 & y_1^2 & x_1 & x_1 y_1 & y_1^2 & \cdots & x_1 y_1^{p-1} & y_1^p \\ 1 & x_2 & y_2^2 & x_2 & x_2 y_2 & y_2^2 & \cdots & x_2 y_2^{p-1} & y_2^p \\ \cdots & & & & & & & & \\ 1 & x_n & y_n^2 & x_n & x_n y_n & y_n^2 & \cdots & x_n y_n^{p-1} & y_n^p \end{bmatrix},\ X = \begin{bmatrix} a_0 \\ a_1 \\ \vdots \\ \varepsilon_{m-1} \end{bmatrix},$$

$$\varepsilon = \begin{bmatrix} \varepsilon_1 \\ \varepsilon_2 \\ \vdots \\ \varepsilon_n \end{bmatrix},\ 并且\ n \geqslant m。$$

根据拟合误差平方$\min \parallel \varepsilon \parallel_2 \rightarrow 0$，运用最小二乘法即可求解出系数向量$X$，即：

$$X = (A^T P A)^{-1}(A^T P Z) \tag{5-26}$$

式(5-26)中，P为观测数据的权值矩阵。

对于油基钻井液电成像测井正演的离散数据，选择两个参数，其他参数保持不变，运用如上所述的曲面拟合方法建立电流信号I与选择的两个参数的高次多项表达式，形式如式(5-23)所示，即：

$$I = f(x_1,\ x_2) \tag{5-27}$$

式(5-27)中，x_1，x_2中为选择的两种地层参数。在二维坐标系中，首先进行区域坐标转换，即：

$$x'_{1i} = x_{1i} - \frac{1}{m}\sum_{i=1}^{m} x_{1i} \tag{5-28}$$

$$x'_{2j} = x_{2j} - \frac{1}{n}\sum_{j=1}^{m} x_{2j} \qquad\qquad (5-29)$$

式(5-28)和式(5-29)中，m 为参数 x_2 的取值个数，n 为参数 x_2 的取值个数，i 和 j 分别为参数标号。

选择地层电阻率和地层相对介电常数两个参数，图 5-4 中分别给出了电流实部和电流虚部与地层电阻率和地层相对介电常数的曲面拟合结果。图中 R_t 表示地层电阻率，dct 表示地层相对介电常数，$\mathrm{Re}(I)$ 表示电流信号实部，$\mathrm{Im}(I)$ 表示电流信号虚部，分别进行了对数处理。图 5-4(a)、(b)对应的条件是：油基钻井液电阻率为 $1000\Omega\cdot\mathrm{m}$，油基钻井液相对介电常数为 2，泥饼厚度为 1mm，频率为 1MHz；图 5-4(c)、(d)对应的条件是：油基钻井液电阻率为 $7000\Omega\cdot\mathrm{m}$，油基钻井液相对介电常数为 10，泥饼厚度为 7mm，频率为 1MHz。当泥饼厚度较小时，采用三次多项式曲面就可以取得较高的拟合精度，图 5-4(a)、(b)即为三次多项式曲面；当泥饼厚度较大时，需要采用更高次多项式曲面来获得较高的拟合精度，图 5-4(c)、(d)为五次多项式曲面。表 5-4 给出了与图 5-4 对应的多项式系数及拟合相关系数。为了提高精度，所有数据采用了五次多项式进行拟合，可以看出拟合表达式具有很高的相关性。因此，利用多项式曲面拟合将数据转换为系数矩阵，从而减小了数据体量。

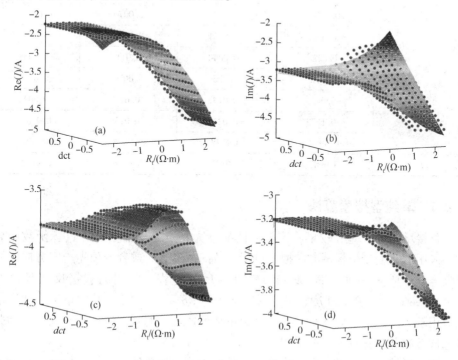

图 5-4　曲面拟合结果

表 5-4   曲面拟合系数表

	1	2	3	4
	−2.514	−3.543	−3.673	−3.269
	−0.4407	−0.237	0.1184	−0.1223
	−0.0713	0.3038	−0.0592	−0.0121
	−0.2247	0.0599	−0.0974	−0.0781
	−0.0096	0.4729	−0.1042	0.0879
	0.0528	0.1108	−0.0293	0.0254
	−0.0116	0.0573	−0.0809	−0.0035
	0.045	0.1242	−0.0221	0.0838
	0.1242	0.033	−0.0074	0.031
	0.2237	0.0166	0.0281	−0.0044
多项式系数	0.0115	−0.0056	0.0047	0.0088
	0.0197	−0.045	0.0243	0.0009
	0.0839	−0.0232	0.0246	−0.0046
	0.0861	−0.0221	0.012	−0.0205
	−0.0643	−0.0309	−0.0093	−0.0039
	0.0006	−0.005	0.0070	0.0017
	−0.0002	−0.0151	0.0081	−0.0072
	0.022	−0.0048	0.011	−0.0058
	0.0373	−0.0066	0.0020	−0.0111
	−0.0535	−0.0197	−0.0123	−0.0024
	−0.1673	−0.0224	−0.0131	0.0065
	0.9987	0.9877	0.9806	0.9892
R^2	0.9987	0.9877	0.9806	0.9892

5.2.4   单纯型搜索算法

直接反演算法起源较早，该类方法的最大特点是不需要计算目标函数的导数，采用沿自变量坐标轴方向搜索目标函数的下降方向或者沿预先给定方向进行搜索，其本质是一种搜索-试探-前进的反复过程。常用的直接反演算法有 Hooke-Jeeves 法、Powell 法、单纯形搜索法和 Rosenbrock 法，其中单纯形搜索法的应用较为广泛，为此本小节着重介绍单纯形搜索法的基本原理及其在油基钻井液电成像测井参数反演中的应用。

单纯形搜索法在每一次迭代过程中都要构造一个单纯形空间，根据目标函数值确定单纯形的最高点和最低点，然后在反复通过扩展、压缩、反射等操作构造新的单纯形，使得极小值点能够包含于单纯形内，并逐渐逼近极小值点。

用单纯形搜索法求解目标函数极值问题 $\min f(x)$，$x \in R^n$，对于油基钻井液电成像测井，x 代表要求解的地层参数，如地层电阻率、地层相对介电常数等，求解的具体步骤为：

（1）选取单纯形初始参数 $\{x^0, x^1, \cdots, x^n\}$，确定反映系数 $\alpha > 1$，紧缩系数 $\theta \in (0, 1)$，扩展系数 $\gamma > 1$，收缩系数 $\beta \in (0, 1)$，精度 $\varepsilon > 0$，并另初始化迭代次数 $k = 0$。

（2）根据目标函数的大小顺序对单纯形 $n+1$ 个顶点进行排序编号，使顶点的编号满足 $f(x^0) \leqslant f(x^1) \leqslant \cdots \leqslant f(x^{n-1}) \leqslant f(x^n)$。

（3）取 $x^{n+1} = \dfrac{1}{n} \sum\limits_{i=0}^{n-1} x^i$，判断 $\left\{ \dfrac{1}{n+1} \sum\limits_{i=0}^{n} [f(x^i) - f(x^{n+1})]^2 \right\}^{1/2} \leqslant \varepsilon$，如果条件满足，则停止迭代输出 x^0，否则进行下一步计算。

（4）取 $x^{n+2} = x^{n+1} + \alpha(x^{n+1} - x^n)$，判断 $f(x^{n+2}) < f(x^0)$，如果满足，则进行步骤（5）；否则判断 $f(x^{n+2}) < f(x^{n-1})$，如果满足，则进行步骤（6）；否则判断 $f(x^{n+2}) \geqslant f(x^{n-1})$，如果满足，则进行步骤（7）。

（5）取 $x^{n+3} = x^{n+1} + \gamma(x^{n+2} - x^{n+1})$，判断 $f(x^{n+3}) < f(x^0)$，如果满足，则令 $x^n = x^{n+3}$，进行步骤（2），否则进行步骤（6）。

（6）取 $x^n = x^{n+2}$，进行步骤（2）。

（7）取 $x^n = \{x^i \mid f(x^i) = \min[f(x^n), f(x^{n+2})]\}$，计算 $x^{n+4} = x^{n+1} + \beta(x^n - x^{n+1})$，判断 $f(x^{n+4}) < f(x^n)$，如果满足，则取 $x^n = x^{n+4}$，进行步骤（2），否则进行步骤（8）。

（8）取 $x^i = x^0 + \theta(x^i - x^0)$，$i = 0, 1, \cdots, n$，进行步骤（2）。

为了更好地说明单纯形搜索法的具体过程，图 5-5 给出了二维空间单纯形搜索法图解实例。如在二维空间 $x \in R^2$ 中，寻找目标函数 $\min f(x)$。首先，初选三个基点 P_1、P_2、P_3，分别计算其目标函数响应 $f(x_1)$、$f(x_2)$、$f(x_3)$，此时三个基点及目标函数值构成一个多面体单纯形。沿着从目标函数值最大的基点 P_1 指向其他两个基点的中间点 P_4 的方向矢量 $\overrightarrow{P_1 P_4}$ 进一步搜索。首先在该方向寻找基点 P_1 关于基点

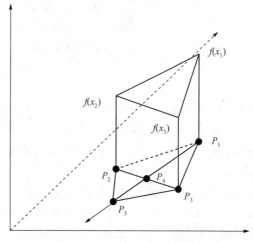

图 5-5 二维单纯形搜索方法示意图

125

P_4 的反射点 P'_1，根据基点 P_1、P'_1 对应的目标函数大小关系，分别在该方向上做压缩、扩张运算，最后确定新的基点 P_5，这样即构造了一个新的单纯形，如此反复，直到迭代结束，如果在该方向上寻找不到合适的基点，则需要缩小原有的单纯形，然后再重复上述步骤，直到满足迭代条件，输出满足 $\min f(x)$ 的自变量。

5.2.5 反演流程

根据前面叙述的多维插值算法和单纯形搜索算法，制定快速多维插值反演流程，如图 5-6 所示。该反演算法中，选择多维插值算法进行正演计算，替代常规的有限元数值模拟过程；选择单纯形搜索算法处理反演计算中自变量的调节过程。值得注意的是，利用多维插值算法进行正演计算的前提是，需要大量的多参数正演计算结果，包括油基钻井液电阻率、油基钻井液相对介电常数、泥饼厚度、地层电阻率、地层相对介电常数和频率等。具体的反演流程为：

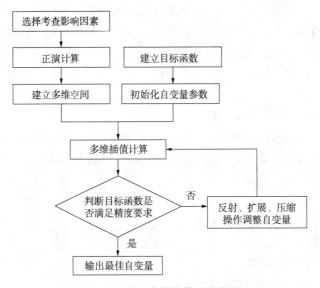

图 5-6　快速多维插值反演流程

（1）收集已知的参数数据，确定需要考查的参数范围，进行大量的正演计算得到油基钻井液电成像测井的响应序列，并根据参数序列将测井响应建立多维数据空间 $m_1 \times m_2 \times \cdots \times m_n$（其中 n 表示维数），$m_i(i=1, 2, \cdots, n)$ 表示各参数的维度。

（2）建立反演目标函数 $O = \| \mathrm{Re}(I) - \mathrm{Re}(I') \|_2 + \| \mathrm{Im}(I) - \mathrm{Im}(I') \|_2 + \| \mathrm{abs}(I) - \mathrm{abs}(I') \|_2$，其中 I 表示测量电流的实际测量值，I' 表示由多维插值算法得到的电流值，"Re"表示实部，"Im"表示虚部，"abs"表示模值，并给定初始

参数。

（3）利用多维插值算法对给定的参数在多维数据库中进行插值计算，得到给定参数对应的仪器响应。

（4）判断目标函数截止误差，若不满足则利用单纯形搜索算法对参数进行反射、扩展、压缩等操作，调整参数大小，然后再返回步骤(3)进行插值计算，重构单纯形空间；如果满足截止误差，则停止迭代，输出最佳参数。

5.2.6　反演结果分析

假设已知油基钻井液电阻率、相对介电常数和电流频率，图 5-7 给出了泥饼厚度、地层电阻率和地层相对介电常数三个参数的反演结果。图中共含有 245 组数据，从图中看出，基于正演数据库反演算法，地层电阻率的反演值与实际值的吻合程度高，其反演效果最好；其次，泥饼厚度的反演效果较好，而地层相对介电常数的反演效果最差，基本无法使用，其原因是测量信号对地层相对介电常数变化的敏感性较差。

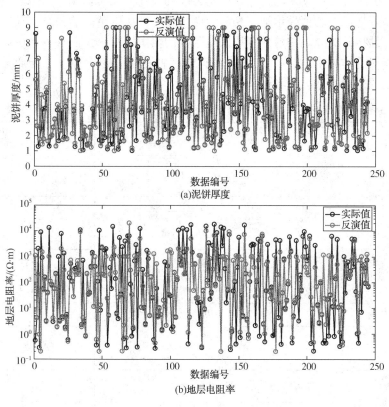

图 5-7　三参数反演结果

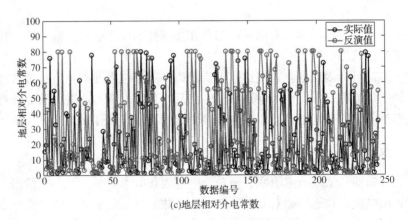

(c)地层相对介电常数

图 5-7　三参数反演结果(续)

　　一般情况下，地层电阻率与地层相对介电常数之间具有一定的耦合关系，不相互独立，表 5-5 给出了常用的地层电阻率与地层相对介电常数的关系等式，图 5-8 给出了两者的对应关系曲线。从表 5-5 和图 5-8 可以看出，可以利用典型的拟合关系等式或者均值表示地层相对介电常数与地层电阻率的关系，在拟合关系等式中，地层相对介电常数随着地层电阻率的增大而减小，而且频率越高，对应的地层相对介电常数越小。在均值计算中，将地层相对介电常数全部取为 10，而忽略地层电阻率变化的影响。

表 5-5　国际五大油田技术服务公司采用的相对介电常数值与地层电阻率的关系

公　司	相对介电常数	发射频率/MHz
贝克休斯	$\varepsilon_r = 6.4 + 4.5255\sqrt{1 + \sqrt{1 + \left(\dfrac{2275}{R_t}\right)^2}}$	2
	$\varepsilon_r = 6.4 + 4.5255\sqrt{1 + \sqrt{1 + \left(\dfrac{11375}{R_t}\right)^2}}$	0.4
精密钻井	$\varepsilon_r = 210 R_t^{-0.42}$	2
	$\varepsilon_r = 480 R_t^{-0.49} + 8$	0.4
哈里伯顿	$\varepsilon_r = 10$	2，0.4
派司方达	$\varepsilon_r = 108.5 R_t^{-0.35} + 5$ $\varepsilon_r = 10$	2
斯伦贝谢	$\varepsilon_t = 108.5 R_t^{-0.35} + 5$	2
	$\varepsilon_r = 279.7 R_t^{-0.64} + 5$	0.4

128

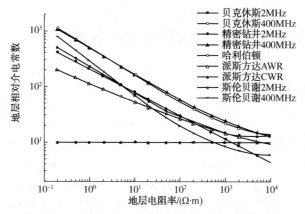

図例:
贝克休斯2MHz
贝克休斯400MHz
精密钻井2MHz
精密钻井400MHz
哈利伯顿
派斯方达AWR
派斯方达CWR
斯伦贝谢2MHz
斯伦贝谢400MHz

图 5-8　地层相对介电常数与地层电阻率的关系图

为了改善反演结果，此处采用地层电阻率与地层介电常数的拟合关系等式，降低了反演参数数量，从而提高反演准确性。图 5-9 给出了一组反演结果，只反演了泥饼厚度和地层电阻率，图中共含有 200 多组随机数据，地层电阻率与地层相对介电常数满足关系式 $\varepsilon_r = 108.5 R_t^{-0.35} + 5$。从图 5-9 中可以看出，相比图 5-7 中的结果，采用地层电阻率与地层相对介电常数拟合关系等式之后，明显提高了反演效果，真实值与反演值的相关系数达到了 90% 以上。

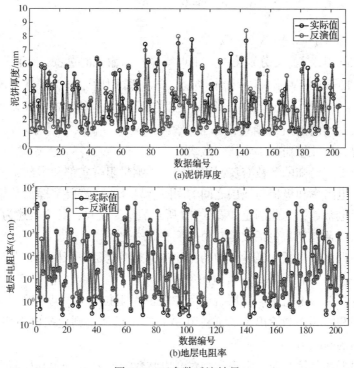

(a)泥饼厚度

(b)地层电阻率

图 5-9　双参数反演结果

5.3 基于支持向量回归算法的反演方法

5.3.1 支持向量回归算法

支持向量机(Support vector machine,简称 SVM)是一种基于统计学理论中结构风险最小化准则的机器学习新方法,具有良好的范化能力,能够解决"维数灾难"问题,理论上可以得到全局最优解。支持向量回归(Support vector machine for regression,简称 SVR)是一种以 SVM 为基础的非线性回归算法,其基本思想是为解决低维空间线性不可分的问题,利用核函数将数据样本映射到高维空间,寻找一个最优拟合面使得所有样本数据离该最优拟合面误差最小。

SVR 算法求解过程可表述为如下约束问题:

$$
\begin{cases}
\min \dfrac{1}{2}\sum\limits_{i=1}^{l}\sum\limits_{j=1}^{l}(\alpha_i-\alpha_i^*)(\alpha_j-\alpha_j^*)K(x_i,\,x_j)+\\[2mm]
\sum\limits_{i=1}^{l}(\alpha_i+\alpha_i^*)\varepsilon-\sum\limits_{i=1}^{l}(\alpha_i-\alpha_i^*)y_i\\[2mm]
s.t.\begin{cases}\sum\limits_{i=1}^{l}(\alpha_i-\alpha_i^*)=0\\[2mm]0\leqslant\alpha_i,\,\alpha_i^*\leqslant C\end{cases}
\end{cases}
\tag{5-30}
$$

式(5-30)中,x_i、x_j 分别第 i、j 个训练样本的输入向量;y_i 为第 i 个输出值;α_i、α_i^* 为 Lagrange 乘子;l 为样本数量;C 为惩罚因子;ε 为线性不敏感损失因子。$K(x_i,\,x_j)$ 为核函数,常用核函数类型包括线性、多项式、高斯和 Sigmoid,这里选用最常用的高斯核函数,即 $K(x,\,x_i)=\exp(-\parallel x-x_i\parallel^2/2\sigma^2)$,选用交叉验证方法寻找最佳惩罚因子和核参数。

本研究中,已知的参数有仪器工作频率、测量阻抗实部和虚部,需要反演的参数为地层电阻率和极板与地层之间的间隔。另外,还需要掌握油基钻井液电阻率和相对介电常数,为此制定如图 5-10 所示的反演流程,具体表述为:

(1)数据预处理,包括数据对数变换和归一化;

(2)根据测量数据和经验,初始化油基钻井液电阻率和相对介电常数,分别记为 R_{m0}、ε_{mr0},进而计算地层视电阻率;

(3)选择总视电阻率、地层视电阻率及测量阻抗实部、虚部作为输入参数,地层电阻率和间隔作为输出参数,利用 SVR 算法反演得到地层电阻率 R_{t0},极板与地层之间的间隔 D_{m0};

(4)根据油基钻井液电阻率和相对介电常数初值 R_{m0}、ε_{mr0} 和反演得到的地层

电阻率 R_{t0} 和间隔 D_{m0}，利用查表插值方法求得对应的测量阻抗实部、虚部，分别记为 $\mathrm{Re}(Z')$、$\mathrm{Im}(Z')$；

（5）计算目标函数 O，如果 $O>\delta$，则返回步骤（2）重新计算；如果 $O<\delta$，则输出此时对应的地层电阻率和间隔。目标函数表示为：

$$O=w_1\,|\,\mathrm{Re}(Z)-\mathrm{Re}(Z')\,|^2+w_2\,|\,\mathrm{Im}(Z)-\mathrm{Im}(Z')\,|^2+w_3\,|\,Z-Z'\,|^2 \quad (5-31)$$

式（5-31）中，w_1、w_2、w_3 分别为阻抗实部、虚部和模值的权系数。

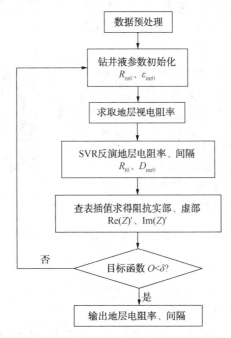

图 5-10　油基钻井液电成像测井参数反演流程

5.3.2　应用举例分析

1. 随机地层模型验证

建立地层模型，井眼直径 d 为 8in（1in = 25.4mm），油基钻井液电阻率为 10000Ω·m，油基钻井液相对介电常数为 6，地层电阻率变化范围为 0.2～20000Ω·m，极板与地层之间的泥饼厚度变化范围为 1～10mm，随机改变地层电阻率和泥饼厚度的大小，利用有限元数值模拟方法得到测量数据，然后利用上述反演方法处理测量数据，反演地层电阻率和泥饼厚度，结果如图 5-11 所示。图中含有 320 组测量数据，从图中可以看出反演数据与实际数据非常吻合，准确率在 90%以上，尤其是当地层电阻率的值很高或很低时，也能够得到良好的反演效果，验证了上述数据选择和反演方法的正确性。

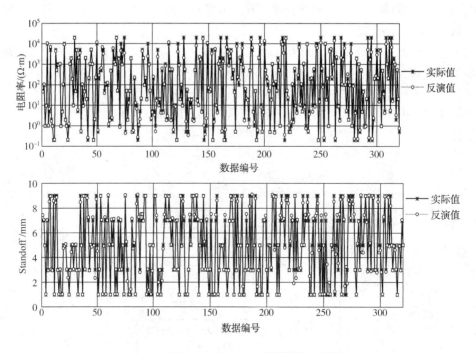

图 5-11　随机地层电阻率和泥饼厚度反演结果

2. 地层模型成像反演结果

为了使反演结果不失一般性，建立层状地层模型，地层厚度为 1m，地层中含有低阻、高阻层段，井眼直径为 0.2m，极板与地层之间间隔为 1mm。为贴近实际测井情况，油基钻井液电阻率变化范围为 $10000 \sim 100000\Omega \cdot m$，相对介电常数变化范围为 $3 \sim 8$。为增加对比和验证效果，选择水基钻井液环境下的成像结果作为参照对象。图 5-12 给出了模拟及反演的电阻率曲线，图 5-13 给出了对应的成像结果。

图 5-12 中，第一道为深度道，符号 *RW* 表示水基钻井液井内视电阻率数据（第二道），*ROC*、*ROVC*、*ROIN* 分别表示油基钻井液井内常规视电阻率数据，垂直耦合方法处理和反演地层电阻率数据（第三道至第五道），下同。从图 5-12 可以看出，以水基钻井液井内测量结果作为参考，油基钻井液井内常规视电阻率曲线动态变化范围较小，电阻率值在 $100\Omega \cdot m$ 以上，只能定性表征地层电阻率变化。整体上，垂直耦合处理结果与水基钻井液井内测量曲线变化一致，但在高阻层段相差较大，甚至出现了反转现象（0.05m 和 0.35m 处），测量结果远低于实际值，造成低阻假象。反演处理结果与水基钻井液井内测量曲线基本一致，扩大了曲线动态变化范围，消除了垂直耦合处理造成的反转现象，达到定量表征地层电阻率变化的目的。

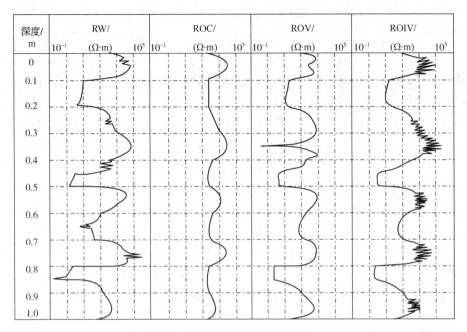

图 5-12　层段地层电阻率曲线

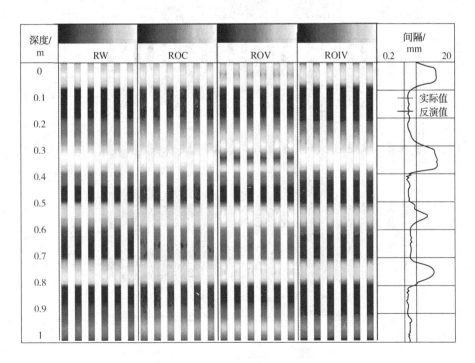

图 5-13　层状地层模拟成像结果

图 5-13 中，反演地层电阻率成像与水基钻井液井内成像基本相同，印证了上述分析。另外，在低阻层段，反演得到的间隔曲线(第六道)与实际值相吻合；在高阻层段，地层电阻率与钻井液电阻率相差较小，增加了钻井液、泥饼与地层之间的区分难度，反演值大于实际值，但反映出地层电阻率的变化，高值对应高阻层段，低值对应低阻层段。

建立低阻地层模型，地层电阻率范围为 $1\sim10\Omega\cdot m$，极板与地层之间泥饼厚度为 2mm，其他条件与图 5-12 一致，成像结果如图 5-14 所示。图 5-14 中，与水基钻井液井内成像相比，受极板与地层之间高阻钻井液、泥饼的影响，常规视电阻率成像质量很差，难以分辨出地层电阻率的变化。垂直耦合处理和反演成像结果与水基钻井液电成像相符，间隔反演值与实际值相差很小。进一步，取极板与地层间隔变化范围为 $1\sim10mm$，其他条件不变，成像结果如图 5-15 所示。反演成像不受间隔变化影响，与水基钻井液井内成像保持一致，而且，反演的极板间隔值与实际值变化也一致。说明了该反演方法解决了低阻地层中常规成像不清晰的问题，而且能够定量反映出极板与地层间隔变化，从而可以了解井眼形状和地层渗透性。

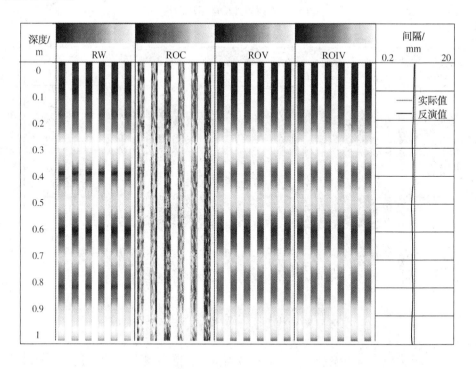

图 5-14　低阻地层模拟成像结果(固定泥饼厚度)

134

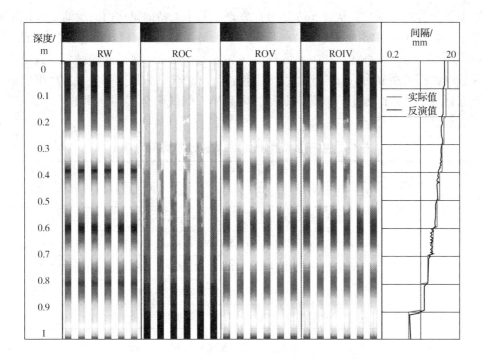

图 5-15 低阻地层模拟成像结果(改变泥饼厚度)

前面叙述的地层模型成像反演结果，是将垂直耦合处理得到视电阻率(反映中低阻地层电阻率变化)和常规方法计算得到的视电阻率(反映高阻地层电阻率变化)作为地层电阻率反演的主要参照依据。下面讲述基于加权处理方法的支持向量回归反演实例。

为了体现出基于支持向量回归反演方法的优势，表 5-6 给出了基于多参数线性回归算法来计算权系数的结果。表中，α 为权系数，$\mathrm{Re}(I)$ 为测量电流实部，$\mathrm{Im}(I)$ 为测量电流虚部，$\mathrm{Re}(Z)$ 为测量阻抗实部，$\mathrm{Im}(Z)$ 为测量阻抗虚部，f 为电流频率，R_m 为油基钻井液电阻率，ε_mr 为油基钻井液的相对介电常数，*standoff* 表示极板与地层之间的间隔，这里专指泥饼厚度，R_a^* 表示一种等效视电阻率，其计算方法为

$$R_\mathrm{a}^* = \frac{K\,|Z|^2}{\mathrm{Re}(Z)} \tag{5-32}$$

表 5-6 中，只有测试 4 的计算结果较好，相关系数达到了 90% 以上，但也存在较大的误差，其他测试的误差更大，为此需要寻找更加优秀的回归方法来计算权系数，这里选择了支持向量回归算法。

表 5-7 给出了基于支持向量回归算法计算权系数的结果。表 5-7 中，符号"√"表示对应参数作为回归模型的输入参数，符号"—"表示回归模型的输入参

135

数中不包含对应参数。从表 5-7 中可以发现，基于支持向量回归的反演结果优于基于多参数线性回归的反演结果，而且频率是最主要的影响参数。测试 1、2、3 都将频率作为输入参数，相关系数都在 97% 以上；相反，测试 4 的输入参数中不含频率，相关系数为 73.5%，计算结果较差。以 95% 作为最低相关系数标准，最终选择四个参数作为主要的输入参数，即频率、测量阻抗实部、测量阻抗虚部、等效视电阻率。

表 5-6 基于多参数线性回归算法计算权系数结果

序号	回归方程	相关系数/%
1	$\alpha = -2.90\text{Re}(I) + 7.46\text{Im}(I) + 3.17\text{Re}(Z) + 0.62R_a^* + 6.98$	76.6
2	$\alpha = -1.75\text{Re}(Z) - 2.62\text{Im}(Z) - 2.31R_a^* + 0.68standoff + 4.36$	74.3
3	$\alpha = 12.35\text{Im}(I) + 5.59\text{Re}(Z) + 5.35R_a^* + 0.57standoff + 18.03$	76.4
4	$\alpha = -1.18f - 1.17\text{Re}(Z) - 1.14\text{Im}(Z) - 1.04R_a^* + 10.99$	92.5
5	$\alpha = 0.61R_m - 8.60\text{Im}(I) - 5.18\text{Re}(Z) - 5.35R_a^* - 2.92$	36
6	$\alpha = -0.73\varepsilon_{mr} + 5.98\text{Im}(I) + 2.46\text{Re}(Z) + 2.40R_a^* + 10.49$	83.1

表 5-7 基于支持向量回归算法计算权系数结果

序号	R_m	ε_{mr}	f	$\text{Re}(Z)$	$\text{Im}(Z)$	R_a^*	$standoff$	相关系数/%
1	√	√	√	√	√	√	√	99.3
2	—	√	√	√	√	√	√	98.8
3	√	—	√	√	√	√	√	97.5
4	√	√	—	√	√	√	√	73.5
5	√	√	√	—	√	√	√	99.1
6	√	√	√	√	—	√	√	98.2
7	√	√	√	√	√	—	√	97.8
8	√	√	√	√	√	√	—	97.2
9	—	—	√	√	√	√		96.5
10	—	—	√	√	√			94.1
11	—	—	√	√				87.1
12			√	√				73

表 5-7 已经给出了基于支持向量回归方法反演权系数，从而计算出地层电阻率并与垂直处理方法的计算结果对比，下面重点介绍基于支持向量回归算法反演成像的模拟实例。

图 5-16 中给出较高阻地层中的反演成像结果，地层厚度为 1m，泥饼厚度固定为 4mm。图中，第 1 道为深度，第 2 道为作为对比标准的水基钻井液中的成像

结果(*RW*)，第 3 道为油基钻井液中未加权的垂直处理的结果(*ROV*)，第 4 道为油基钻井液中基于支持向量回归算法反演成像结果(*ROIV*)，第 5 道显示一块极板中间纽扣电极的三种视电阻率曲线，分别对应着第 2 道至第 4 道，第 6 道为泥饼厚度的反演结果(*SD* 表示实际的泥饼厚度，*SDIV* 表示泥饼厚度的反演值)。从图中可以看出，经过反演处理得到的成像与水基钻井液中的成像相符合，而在未经反演处理的图像中存在多个反转现象，如 0.2m、0.6m 和 0.8m 等位置，纽扣电极的电阻率曲线(第 5 道)也验证了这一点。另外，反演结果也较准确地反映了极板与地层之间的泥饼厚度(第 6 道)，反演的泥饼厚度 *SDIV* 与实际泥饼厚度 *SD* 之间的偏差大小受地层电阻率的大小影响。

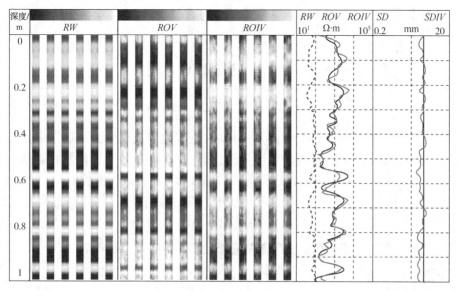

图 5-16 基于支持向量回归算法计算权系数得到的成像结果(固定泥饼厚度)

图 5-17 给出了另外一个地层中的反演结果，该地层中泥饼厚度为变化值，图像中每一道的内容与图 5-16 相一致。从图 5-17 中可以看出，在 0.05m 的位置处存在一个地层电阻率大小超过 10000Ω·m 的高阻薄层(第 1 道)，而该高阻薄层未出现在未经加权处理的图像中(第 3 道)，加权处理后的图像中显示了该高阻薄层(第 4 道)。在第 3 道中的最高阻位置出现在 0.6m，但实际上，该位置的地层电阻率值较低(第 2 道)，所以未经加权处理的图像会造成假象，而经过反演处理的图像基本消除了该假象(第 4 道)。最后，除了在地层电阻率急剧变化的位置外(0~0.2m)，即使在变泥饼厚度条件下，反演结果也能较好地反映泥饼厚度的变化。当地层电阻率接近钻井液电阻率时，造成地层和泥饼的区分难度增大，所以在曲线上端显示出两个厚泥饼位置，此时泥饼厚度曲线与地层电阻率曲线的变化趋势相吻合。

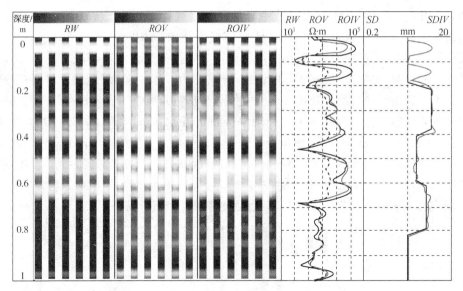

图 5-17 基于支持向量回归算法计算权系数得到的成像结果(改变泥饼厚度)

图 5-18 给出了基于支持向量回归算法在低阻地层成像中的应用结果，为了更具一般性，地层电阻率和泥饼厚度随机分布。在低阻地层中，权系数 α 基本等于1.0，所以未经加权处理图像(ROV，第3道)和加权处理图像($ROIV$，第4道)基本相同。而且，由于地层电阻率与泥饼电阻率的差别很大，便于泥饼厚度的评价，泥饼厚度的反演值与真实值相一致(第6道)。

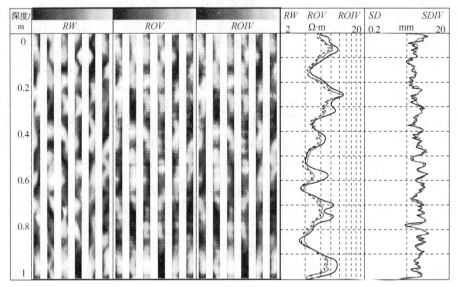

图 5-18 基于支持向量回归算法计算权系数得到的成像结果
(低阻地层，地层电阻率、泥饼厚度随机变化)

通过以上研究表明，对油基钻井液环境下电成像测井中存在的问题，基于数值模拟和支持向量回归方法实现了油基钻井液电成像测井响应分析及定量反演。垂直耦合处理得到视电阻率和常规视电阻率能够分别反映出中低阻地层和高阻地层的电阻率变化，可以作为油基钻井液电成像测井参数定量反演的主要依据。另外，可以将多参数影响下的地层电阻率计算统一归结于权系数的反演问题。提出的基于支持向量回归反演方法不仅可以定量地反映出地层电阻率变化，还能够定量反映出低阻地层中极板与地层之间泥饼厚度变化；高阻地层增加了高阻钻井液、泥饼与地层之间的区分难度，反演的泥饼厚度偏大，高值对应高阻地层，低值对应低阻地层。该反演方法摆脱了油基钻井液电参数的限制，为油基钻井液电成像测井数据处理提供支持。

5.4 油基钻井液电成像测井参数反演的应用

前面章节依次介绍了新型的油基钻井液电成像测井仪器 Qunta Geo 的工作原理、数据处理方法、数值模拟结果和地层参数反演等内容。在此基础上，本节基于可查阅的文献资料，重点介绍新型的油基钻井液电成像测井仪器 Qunta Geo 在地层成像和地层评价中的应用。现场测井实例表明，与垂直和平行处理方法不同，经过反演后的地层图像具有许多优点，能够定量提供地层电阻率图像、地层介电常数图像和极板间隔图像，而且极板间隔成像能够提供井眼形状、钻井痕迹和指示裂缝开闭状态等信息，拓展了电成像测井在储层评价中的使用范围。下面对这些应用进行一一介绍。

5.4.1 地层电阻率定量评价和提高成像一致性

在这里，将基于垂直处理方法、平行处理方法一起使用得到的图像统称为合成图像。图 5-19 给出了反演地层电阻率图像和极板间隔图像与标准的合成图像的对比结果。图中，第 1 道为合成成像，第 2 道为反演地层电阻率成像，第 3 道为反演极板间隔成像。从图中可以看出，经过反演后的图像提高了不同极板之间的成像一致性，能够更好地描述出薄层。另外，还可以在极板间隔图像中观察到钻井过程中的井壁划痕，而合成图像中未显示出这些信息。第 4 道显示了阵列感应测井中电阻率曲线(10in，AE10)，反演电阻率曲线(RHO)和合成电阻率曲线(ZTBC)。在地层电阻率定量评价过程中，合成电阻率曲线需要利用阵列感应测井中的电阻率曲线进行刻度，而反演的电阻率曲线可以独立地进行评价，而且反演的电阻率曲线与阵列感应测井电阻率曲线基本吻合。受多个频率测井响应的合成过程影响，合成图像存在融合误差，而这些融合误差未显示在反演图像中，说明经过反演处理，可以提供一个连续的、单调变化的地层电阻率图像。

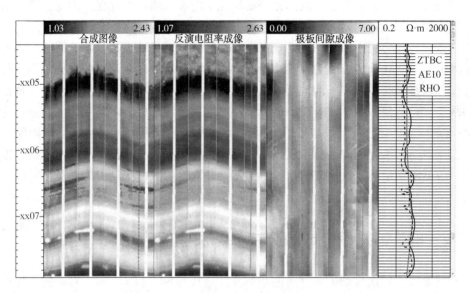

图5-19　反演地层电阻率成像和极板间隔成像

图5-20显示了厚度为15ft长的钙化地层中的低阻薄缝合线反演成像。电阻率范围为10～500Ω·m。经过反演，低阻薄缝合线可以清晰地显示出来，如xx09ft，xx14ft，以及xx01ft和xx02ft之间位置。与合成图像相比，该反演图像提高8个极板成像数据的连续性和一致性。

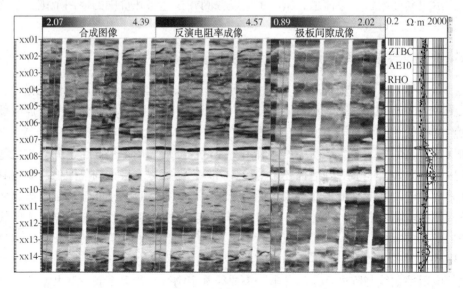

图5-20　反演电阻率图像识别低阻薄层实例

图 5-21~图 5-23 显示了页岩储层中反演地层电阻率图像提高成像一致性电阻率对比度的应用实例。该井段含有黏土和钙质薄层。反演电阻率结果再一次提高了成像的一致性，突出了高阻部分也清晰显示了低阻部分。由于地层电阻率从几欧姆米变化到上千欧姆米，受高阻地层中的反转现象，合成图像的一致性差。在合成图像处理过程中出现反转现象，其原因是纽扣电极测量阻抗与地层电阻率之间存在非线性关系，造成高阻部分被错误地当作低阻地层，如图 5-21 和图 5-22 中的第 4 道所示，合成电阻率曲线和反演电阻率变化方向相反。在这两幅图中，反演电阻率与阵列感应测井的 10in 电阻率曲线一致。图 5-23 的顶部（xx85ft）和底部（xx91ft），在第五个极板上可以看到取心位置（在反演电阻率图像上和极板间隙图像上，两个图像都显示亮白色），即该位置的电阻率值较高，极板间隙较大，表明仪器能够准确探测到油基钻井液。然而，在合成图像上显示出暗色的导电信息。需要注意到，在取心位置，电阻率变化剧烈，受图像处理算法的影响，图像中存在噪声信号影响。图 5-24 上显示了另一段长为 35ft 的页岩层，反演电阻率成像同样也提高了成像的一致性。

通过以上实例分析得出，经过反演处理的图像能够准确、定量地反映出地层电阻率变化，消除了反转现象，提高了各个极板的成像一致性，增强了电阻率的对比效果，而且该新型电成像测井仪器的分辨率高，受围岩影响小，提高了薄层评价效果。另外，在油基钻井液井中，定量的、高分辨率的侵入带电阻率测量结果有益于侵入带评价，从而能够确定束缚水饱和度，该定量电阻率图像还可以应用于孔隙度评价。

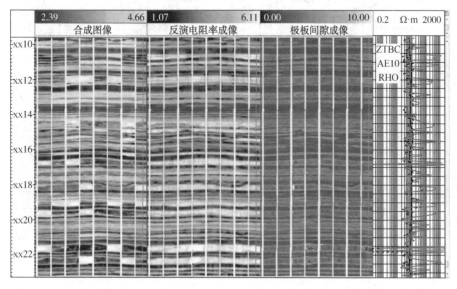

图 5-21　泥灰质地层中反演电阻率图像提高成像一致性和电阻率对比度实例

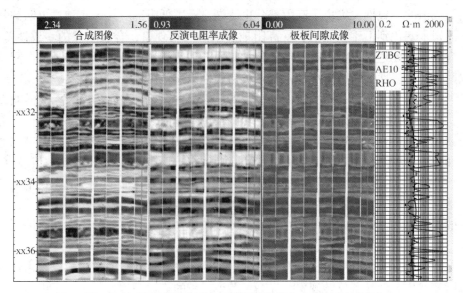

图 5-22　页岩地层中反演地层电阻率提高成像一致性实例

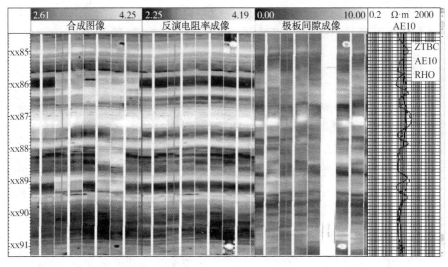

图 5-23　页岩地层中反演地层电阻率提高成像一致性和电阻率对比度实例

142

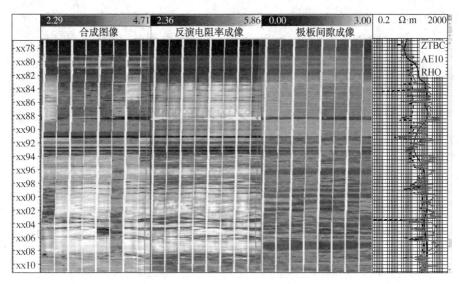

图 5-24　反演电阻率成像提高极板成像一致性应用实例

5.4.2　极板间隙图像指示井筒状况

除了地层电阻率之外，每一个纽扣电极与地层之间的间隙距离也可以经过反演算法计算出来，得到极板间隙成像，该极板间隙图像能够指示井筒状况，也可以用来评价合成处理方法和反演成像结果。除了能够用于指示井壁崩落、钻井痕迹、井眼旋转、取心位置、极板与地层是否接触（无间隔）之外，该反演极板间隙图像还可以指示裂缝张开或闭合状态。通过模拟数据测试得出，对于给定的油基钻井液性质，该反演的极板间隙在低阻地层中更加准确。当地层电阻率很高时，油基钻井液电阻率与地层电阻率之间的对比度降低，导致钻井液与地层之前的区分增加，测量结果对极板间隙的敏感性降低。

图 5-25 显示了某一地层中的一个井段。从左至右分别为：合成图像，垂直处理图像，反演地层电阻率图像和反演极板间隙图像以及反演电阻率曲线。该井的井况条件较差，在 xx78ft 位置的极板间隙约为 13mm，在 xx82ft 的极板间隙约为 15mm。利用反演得到钻井液阻抗信息提高了合成处理成像效果，但是并没有消除电阻率图像中的融合误差。在井壁发生剥落的地方，合成图像上显示为低阻导电斑点，而在反演的电阻率和极板间隙图像上清晰地显示出白色高阻斑点，表明通过反演处理，该仪器能够准确地确定出井眼发生剥落位置的钻井液信息，从而有利于对井眼状况作出判断。

图 5-26 给出了某一浅海碎屑岩储层的成像效果。受井眼旋转和偶然的电极与地层直接接触，在电阻率图像中存在图像不连续和白色痕迹，这种状况可以用

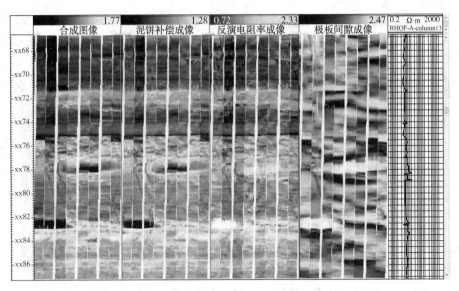

图 5-25　反演的极板间隙图像指示井筒状况实例 1

反演的极板间隙图像指示出来。反演电阻率图像显示了地层电阻率连续变化，只是在最左侧极板中间位置的电极偶尔与地层直接接触（绿线显示），显示为高阻的亮点。图 5-27 显示了另外一个相似的成像实例，图中清晰显示了井眼旋转状况，在 xx12.5ft 和图像底部都出现了严重的纽扣电极与地层接触情况。

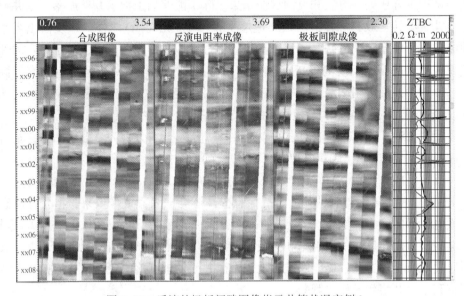

图 5-26　反演的极板间隙图像指示井筒状况实例 2

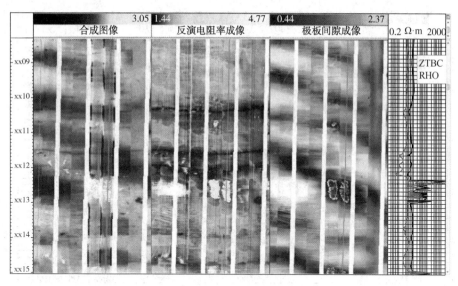

图5-27　反演的极板间隙图像指示井筒状况实例3

图5-28和图5-29显示了另外一组浅海碎屑层中的井壁崩落情况。在两个频率下，1号极板中间位置的电极测量电阻率（ZBAM_F1、ZBAM_F2）和测量阻抗相位（ZBPH），显示出由纽扣电极与地层直接接触导致的尖峰现象。在合成图像中，则显示出导电特性（反转现象），而反演电阻率成像则显示了受井壁崩落而导致的高阻区域，表明该仪器识别出钻井液充填井壁崩落造成的空隙。但是由于电阻率变化剧烈，反演的电阻率成像质量较差，显示出许多垂直线纹。

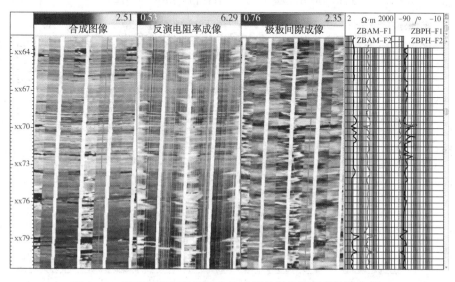

图5-28　某浅海碎屑岩储层中的成像显示井壁剥落状况实例1

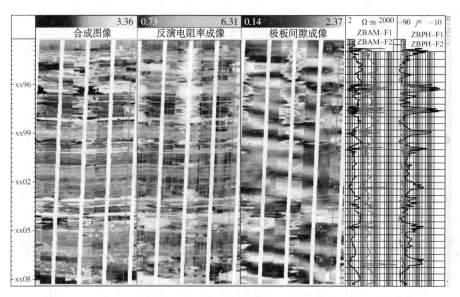

图 5-29　某浅海碎屑岩储层中的成像显示井壁剥落状况实例 2

图 5-30 显示了另外一个测井实例,受纽扣电极与地层之间的间隙影响,导致合成图像中的成像不一致。可以观察到反演极板间隙图像上大间隙点(白色)与合成图像上不连续的明亮点一一对应。在反演电阻率图像中,由于电阻率对比增强,边界更加自然,有利于识别井壁剥落位置。受可控的反演范围影响,在剥落边缘位置显示出极板间隙最大值。借助于极板间隙图像,使得油基钻井液电成像测井在井筒力学方面的应用超过了水基钻井液电成像测井。

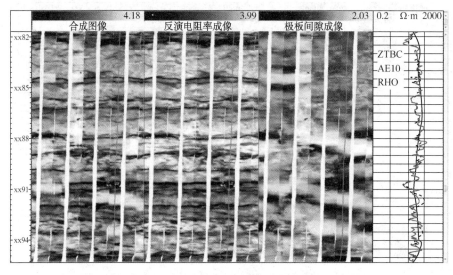

图 5-30　某一地层中的成像显示极板间隙对电阻率测量的影响实例

5.4.3　裂缝评价

数值模拟研究表明，反演地层电阻率接近于地层电阻率真值，比合成处理方法具有更大的动态变化范围，所以，反演结果有利于高阻裂缝成像，能够更好地评价裂缝储层。另外反演的极板间隙图像在判断裂缝的开闭情况时具有很大的潜力。反演的极板间隙图像用来描述裂缝性质，是基于一个假设条件，即开裂缝被高阻油基钻井液充填，在图像中显示高间隙特征。值得注意的是，裂缝的开度很小，只对应小部分的纽扣电极表面，但是由于裂缝与井筒之间存在夹角，裂缝对应的间隙都很大。而且在成像处理中还可能会采用一些均衡化处理，所以该图像不能表征开裂缝的实际深度或者宽度。

图 5-31 显示了反演成像在裂缝评价中的应用实例。可以观察到，与常规的合成图像结果相比，反演电阻率图像中的裂缝显示质量提高，例如图中上端的一个裂缝。另外，反演电阻率图像也提高了分层的一致性，极板间隙对合成图像产生影响，成像连续性较差。另外，图中最后 1 道显示了 1 号极板上的中心电极合成电阻率(ZTBC)、反演电阻率(RHO)和阵列感应测井 10in 测井曲线(AE10)。

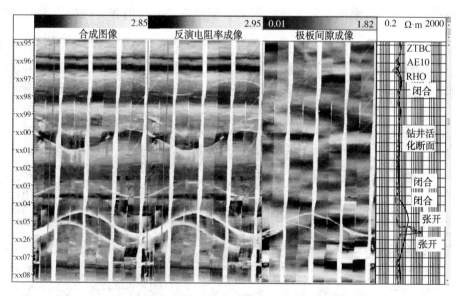

图 5-31　反演成像在储层裂缝评价中的应用实例 1

对于电阻率图像中的大部分裂缝，其极板间隙都较小。但是，在 xx04ft 下边的大裂缝显示了较大的极板间隙，表明这个裂缝很有可能是钻井液填充裂缝。高分辨率阵列感应测井的测量结果 AE10 证实了该裂缝是倾斜的开裂缝。图中上端部分的裂缝可能是闭合裂缝或小断层，在 xx01 和 xx02ft 之间显示的小正断层就是一个特例。在极板间隙图像上显示的宽度比实际断层宽度要大，表明该断层发生错位，错位大概 7mm，其原因是钻井过程中采用了水力压裂。通过断层错位可以发现，最小水平应力方向与断层倾斜方向一致，大致为东西方向，这再一次表明了反演的极板间隙图像在井筒地质力学应用方面的优势，而在之前，这些信息一般只能通过声波图像来获取。

另外，图 5-32 和图 5-33 也显示了反演成像在裂缝和断层评价中的应用结果。从这些图像可以看出，在反演电阻率图像上，裂缝和断层基本都是连续的，贯穿所有极板，而在反演的极板间隙图像上连续性较差，这是裂缝走向或裂缝张开度不一致导致的。图 5-34 给出了另外一个通过反演来提高裂缝成像的实例，图中，极板间隙成像清晰地显示了井壁裂缝痕迹上下端点位置的剥落情况，极板间隙图像中显示为高阻亮色，而且高分辨率阵列感应测井的读数也相对较高，表明这两个裂缝或者是张开裂缝或者是被方解石等高阻矿物充填。

在油基钻井液中，受钻井液高比重和钻井液中固体颗粒的影响，声波成像测井仪器在裂缝识别中的应用受到限制。因此，借助于反演极板间隙图像，可以单独利用微电阻率成像测井仪器成功地实现裂缝张开或闭合的判断。在以后的测井实例中，可以用传统取心的测量数据来验证该方法对裂缝张开或闭合判断的准确性。

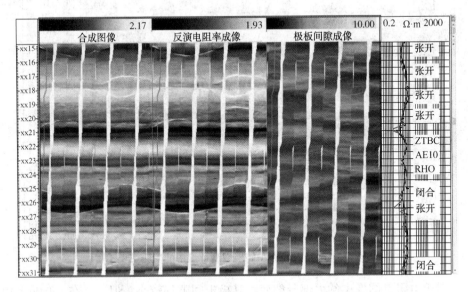

图 5-32 反演成像在储层裂缝评价中的应用实例 2

148

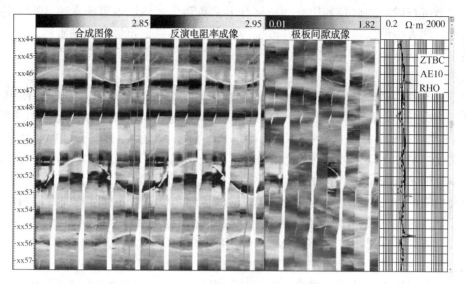

图 5-33　反演成像在储层裂缝评价中的应用实例 3

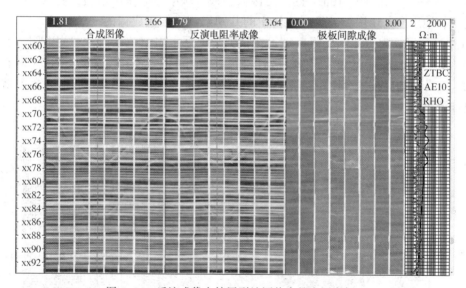

图 5-34　反演成像在储层裂缝评价中的应用实例 4

5.4.4　定量地层介电常数

对地层介电常数的测量敏感性依赖于地层中位移电流与传导电流之间的相对强度。由于采用了高频进行测量，使得仪器响应对地层介电常数具有很强的敏感性。通过反演处理，除了能获得反演地层电阻率图像和极板间隙图像，还可以获得地层介电常数图像，对地层介电常数成像的应用是今后发展的方向之一。其中一个可行的应用就是利用反演地层介电常数和反演地层电阻率来确定含水饱和度，两者的结合也为油基钻井液中阵列介电测井提供很好的辅助资料，增大频率范围或增加一个中间值的频率，也可以用于解释岩石物理解释中的频散效应。

图5-35~图5-37分别给出了反演地层介电常数成像的应用实例。各图中，从左至右分别为合成图像，反演电阻率图像，反演介电常数图像，电阻率曲线（第5道，RHO：反演电阻率曲线；ADT-F0：频率F0对应的阵列介电测量电阻率曲线；ADT-F1：频率F1对应的阵列介电测量电阻率曲线；AIT-AE10：高分辨率阵列感应测井电阻率曲线）和地层相对介电常数曲线（第6道，ε_{F2}：反演地层介电常数曲线；ADT-F0：频率F0对应的阵列介电测量介电常数曲线；ADT-F1：频率F1对应的阵列介电测量介电常数曲线）。从各图中可以看出，阵列介电测井、阵列感应测井和油基钻井液电成像测井得到的电阻率曲线具有很好的一致性，而且介电常数测量结果的吻合性也非常好。反演得到的电阻率和介电常数曲线与介电仪器测量结果相吻合，但其分辨率更高，能够提供更多的地层细节信息。图5-35中显示了10ft长的高阻区域，该区域中介电作用强烈，受双频拼接过程、地层介电作用和极板间隙作用的共同影响，合成成像的一致性差。图5-36中显示了长为20ft的低阻区域。在很大的地层电阻率范围内，即使电阻率小到$4\Omega \cdot m$，反演介电常数成像一致性都很好。图5-37显示的地层与图5-36在同一个井段内，在这个图中，介电常数图像显示的裂缝比电阻率图像显示的裂缝更加清晰。

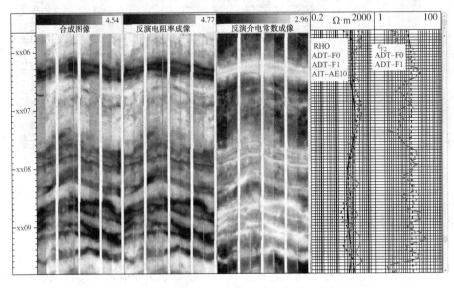

图5-35　反演介电常数成像的应用实例1

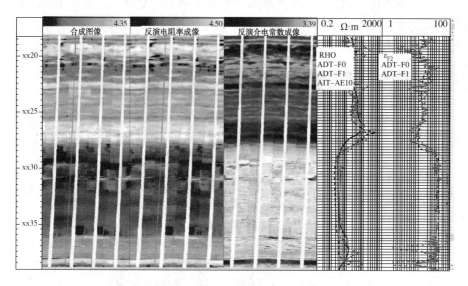

图 5-36　反演介电常数成像的应用实例 2

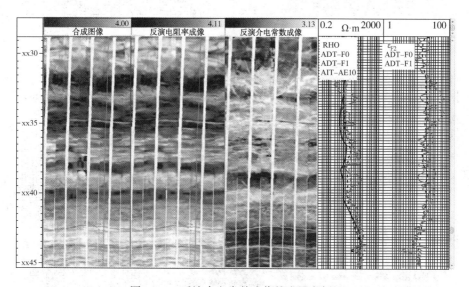

图 5-37　反演介电常数成像的应用实例 3

　　图 5-38 和图 5-39 给出了另外两个反演电阻率图像和反演介电常数图像应用实例，反演地层电阻率曲线与介电测井得电阻率曲线和阵列感应测井电阻率曲线相一致。从两图中均可以看出，通过反演获得的地层介电常数曲线基本介于介电测井的两条曲线之间。虽然介电常数图像不是电成像测井首要得到的电阻率信息，但其意义不能被忽视，这是继电阻率成像、声波成像之后获得的另外一个定

量的地层参数图像。由于，地层电阻率和介电常数是通过同一组纽扣电极阵列获得的，这两个参数反映了同一位置的地层性质变化，因此有助于地层参数的联合解释，具有很大的创新和应用价值。

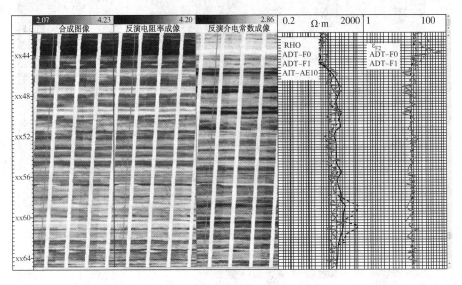

图 5-38 反演介电常数成像的应用实例 4

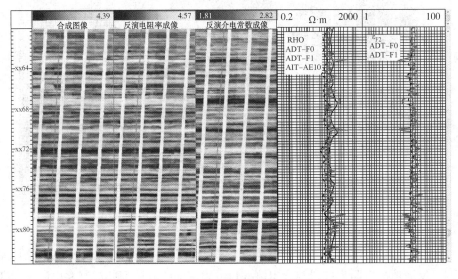

图 5-39 反演介电常数成像的应用实例 5

152

参 考 文 献

［1］ Chen Y H, Omeragic D, Habashy T, et al. Inversion-Based Workflow for Quantitative Interpretation of the New-Generation Oil-Based Mud Resistivity Imager［J］. Petrophysics, 2014, 55 (6): 554-571.

［2］ 高建申, 孙建孟, 姜艳娇, 等. 油基钻井液环境下电成像测井响应分析及定量反演［J］. 中国石油大学学报(自然科学版), 2018, 42(3): 50-56.

［3］ Brown J, Davis B, Gawankar K, et al. Imaging: Getting the picture downhole［J］. Oilfield Review, 2015, 27(2): 4-21.

［4］ Laronga R J, Shalaby E. Borehole Imaging Technology Visualizes Photorealistically in Oil-Based Muds［J］. Journal of Petroleum Technology, 2014, 66(11): 36-38.